商务部指定家政服务培训教材

– 全国家政服务员培训教材 –

家庭保洁

JIA TING BAO JIE

全国家政服务员培训教材编委会 编著

中国商务出版社
CHINA COMMERCE AND TRADE PRESS

图书在版编目（CIP）数据

家庭保洁 /《全国家政服务员培训教材》编委会编
著． — 北京：中国商务出版社，2012.12（2014.12重印）
全国家政服务员培训教材
ISBN 978-7-5103-0850-5

Ⅰ．①家… Ⅱ．①全… Ⅲ．①家庭－清洁卫生－职业
培训－教材 Ⅳ．① TS976.7

中国版本图书馆 CIP 数据核字（2013）第 005384 号

全国家政服务员培训教材
家庭保洁
JIATING BAOJIE
全国家政服务员培训教材编委会 编著

出　版：中国商务出版社
发　行：北京中商图出版物发行有限责任公司
社　址：北京市东城区安定门外大街东后巷28号
邮　编：100710
电　话：010-64515141（编辑三室）
　　　　010-64266119（发行部）
　　　　010-64263201（零售、邮购）
网　址：www.cctpress.com
邮　箱：cctp@cctpress.com
照　排：人民日报印刷厂数字中心
印　刷：北京松源印刷有限公司
开　本：787 毫米 × 1092 毫米　1 / 16
印　张：7　　　　　　　　　字　数：100千字
版　次：2013年3月第1版　　2014年12月第7次印刷

书　号：ISBN 978-7-5103-0850-5
定　价：25.00元

指 导 单 位

商务部服务贸易和商贸服务业司

编 辑 委 员 会

编　委：（按姓氏笔画排序）

马燕君　安　子　李大经　严卫京　庞大春　卓长立

陈祖培　胡道林　钱建初　陶晓莺　傅彦生

编 辑 部

主　任：许　嘉

副主任：俞　华　刘文捷

本册编写单位：三替集团有限公司

本册编审：俞　华　刘文捷

编写人员：黄诗军　王昊宇

封面及内文插图：宋海东

目录

第一章 家庭保洁概述

不就是收拾房子嘛，用得着这么多东西？

不同的材料要用不同的清洁剂，可不是一把扫帚一块抹布这么简单。

学习目标

本章应掌握的知识要点：
1. 家庭保洁的含义
2. 家庭保洁的主要内容

基本要领

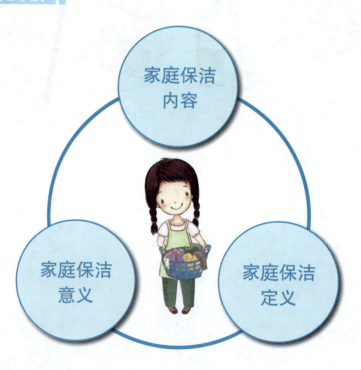

第一节 家庭保洁的定义

家庭居室是人们生活的主要场所，是人们吃、住、娱乐、休息的地方。家庭环境的优劣，直接影响到人的情绪和生活质量。一个干净、整洁、美观的家，会让人心情愉快，生活舒适。反之，一个杂乱无章、邋遢的家，则会让人心烦意乱，情绪低落。所以家庭的保洁是一项重要而又必不可少的工作。

家庭保洁是家政服务中重要的工作之一，是指家政服务员使用清洁设备、工具和药剂，对居室内地面、墙面、顶棚、阳台、厨房、卫生间等地方进行清扫整理，对门窗、灶具、洁具、家具等进行擦洗去污，以达到环境清洁、杀菌防蛀、保养物品的目的。

第二节 家庭保洁内容

一般来说，家庭保洁主要包括地面、门窗、家具、物件、墙面以及厨房中的厨具、餐具和卫生间洁具等的保洁。在进行保洁前，家政服务员需要对保洁对象的污染程度做一个了解，并能有计划地做到居室消毒、空气净化、居室防虫、居室除锈，居室防潮等工作。家庭保洁主要内容有：

一、家庭去污

尘土、污垢、渍迹是家庭中最常见的污染物，这些污染物不同程度地存在于家庭的每个地方，是家庭保洁工作的重点清除对象。

家庭去污的基本内容包括：

（一）墙面除尘

墙面通常是用涂料、墙纸、墙布、实木等材料做表层，一定时间后容易积累尘土，需要定期清洁。

（二）地面清洁

家庭居室的地面多是用地板砖、实木地板、复合木地板、塑料地板（人造革）、大理石或花岗岩等装饰材料铺成，需要经常清洁，但不同材料的地板要注意用不同的清扫方式。

家庭小贴士

　　家庭保洁是人们居住环境质量的保证，是人们享受舒适生活的一个主要手段。

（三）卧室清洁

　　卧室是家庭居所的重要组成部分。卧室通常有床、床头柜、衣柜、挂衣架、灯具等起居用品，也有的卧室摆放有组合柜、电视机等，而这些家具会积存灰尘，尤其是不同的角落，需定期清洁。

（四）客厅清扫

客厅里一般摆放有沙发、茶几、电视机、空调等物品，根据主人爱好不同，还会摆挂一些名人字画、雕塑等。客厅是家庭成员出入最频繁的地方，需要每天清洁。

（五）厨房清洁

厨房一般会有抽油烟机、灶具、微波炉、碗柜或橱柜、洗菜池（水池）、消毒柜等。厨房油烟比较重，需及时清洁。餐具与家人的健康直接相关，需要经常消毒。

（六）卫生间保洁

卫生间通常会有浴缸、热水器、座便器（抽水马桶）、洗脸盆等卫生设施。这些设施需要常清洁，并经常开窗通风，注意防潮。

（七）阳台、储物间保洁

阳台通常会有玻璃窗、窗帘，面积稍大的阳台还会摆放茶桌或躺椅等。露天阳台灰尘比较重，需每天清洁。

二、家庭消毒

家庭消毒是指利用药剂进行灭菌清洁，主要包括室内空气消毒、餐具用具消毒，以及卫生洁具的清洁消毒等。

家庭小贴士

在现代生活中，更多的工作、娱乐和健身活动都可以在家庭居所内进行。人们的室内活动时间越来越长，家居环境质量对人们的身体健康影响很大。

三、家庭防虫

家庭防虫主要是驱除或杀灭老鼠、蚊、蝇、蟑螂、臭虫以及蚂蚁等。市场上出售的很多杀虫剂对蚊虫、蟑螂等均有杀灭效果。防蚊可用蚊帐或蚊香。家中要经常通风，让阳光照射，定期清洁阴暗角落、地毯、沙发等，以防止螨虫和臭虫滋生。

四、家庭除锈

家庭除锈包括室内管道、家用电器除锈、家用工具器具除锈和衣服除锈等。

五、家庭防潮

家庭中物品较多，对每一件物品都专门进行防潮会有较大难度，因此家政服务员要做好家庭大环境的防潮工作，并能对家庭各种物品进行简单的防潮保护。

六、室内空气净化

室内空气净化就是保持室内空气清新，防止室内空气污染。室内的空气污染主要来自人体呼出的二氧化碳等气体，室内装修和家具散发出的污染物，空调等电器设备产生的有害物质和厨房油烟，因此要保持室内良好的通风，净化新装修房子的室内空气，在室内摆放适宜的植物，这些简单的措施都有利于室内空气的净化。

服务案例

周到全面　消除隐患

王女士请了一位家政服务员刘芳。刘芳到王女士家后，把家中杂乱的物品收拾得妥妥当当，墙面、地面都擦得干干净净，卫生间打扫的像五星级宾馆一样干净：玻璃明亮的没有一丝水渍，马桶擦得光可鉴人。看到焕然一新的居室环境，全家人都对刘芳的勤劳能干赞不绝口。

夏天到了，王女士请刘芳把铺在卧室的地毯收拾起来等秋冬再用。刘芳就把地毯拿到户外拍打、晾晒。没想到做完这些工作后，刘芳的脸上起满了红疹子，到医院一检查是螨虫。刘芳这才意识到，平时只对地毯进行了吸尘清洁，却忽视了防潮和消毒。为了防止其他家庭成员也出现被螨虫伤害的情况，刘芳回去之后对居室里的阴暗角落、地毯、沙发、床垫以及洗衣机、空调、吸尘器等家用电器进行了彻底清洁和消毒，将隐患消灭在萌芽之中。

博士点评

家庭保洁是一项系统、全面的工作。优秀的家政服务员不仅仅要保持家居环境的整洁，而且还要注意消毒、防虫、除锈、防潮等方方面面的工作，注重细节，全程到位，考虑周到，让用户放心无忧。

家庭博士答疑

博士，您说家庭保洁是一项具有科学性的工作，可是保洁不就是擦擦灰尘，拖拖地板，洗洗衣服这些小事吗？这些事情有什么科学性呢？

这就不对了，社会发展到现在，保洁工作已经不再是一块抹布、一把扫帚那么简单，常用的清洁工具多种多样，不同居室的不同物品、不同的地面需要使用各种不同的清洁剂。吸尘器、洗衣机、地板打蜡机、烘干机等各种现代化清洁设备的使用，都使现代化清洁工作具有了相当程度的科学性和专业性。

练习与提高

1. 家庭保洁的定义是什么？
2. 除家庭去污外，家庭保洁还有哪些内容？

第二章 家庭保洁的程序

● 学习目标

本章应掌握的知识要点：

1. 常用保洁物料

2. 常用清洁剂功能与用途

3. 保洁前的准备工作

4. 保洁作业流程

● 基本要领

识物料
认识保洁的常用物料

选清洁剂
不同用途选择不同的清洁剂

懂流程
清楚保洁作业的流程

做准备
掌握保洁前的准备工作

第一节 家庭保洁物料准备

保洁工具的配置情况，直接影响到清洁保养的工作质量和保洁员的工作效率。

一、准备工具

（一）扫帚

毛刷式扫帚多用于清洁室内平滑地面，小扫帚用于清扫床铺及沙发等家具。清扫地面时，从身体左右两侧挥动扫帚往前扫，人在后，边扫边进。

家庭小贴士

接触过生食的抹布不要再接触熟食，接触食物的抹布不要另作他用，厨用抹布不要用于其他用途。抹布要经常消毒。

（二）垃圾铲

用于收集杂物和灰尘。

使用时，将垃圾铲的平直一面放在垃圾边侧，用扫帚将垃圾扫进铲内。

（三）抹布

抹布可用于擦除物品或者地面的灰尘、水渍、油污、脏污等，一般选择吸水性好的柔软棉布。

（1）使用时，将抹布折3次，叠成8层（正反共16面），大小比手掌稍大一点。一面用脏后再用另一面，16面全用脏后，洗净拧干再用。

（2）将浸过水或用水清洗后的抹布拧至不出水状态，就是保洁工作中常用的湿抹布。将清洁工作要用的几条抹布提前拧干备用，可以提高工作效率。

（3）擦拭一般家具的抹布，擦洗食物餐具的抹布，擦拭卫生间的抹布等，必须严格区分，不能混用。可以用不同的颜色来区分不同用途的抹布。

（4）擦拭家具等物品时应按从右到左（或从左到右）、先上后下的顺序进行，先用力均匀地擦拭物体表面，再擦边角，不要遗漏。湿擦后要及时用干抹布擦拭。

（5）抹布使用完后，要洗净拧干，挂在指定位置晾晒。

（四）拖把

拖把可以拖擦各种地面，方便省力。使用前先将拖把清洁干净，保持微湿。拖把要勤洗水，水分要尽量挤干，拖擦过的地面不要有明显水迹。拖地时，一般先拖擦角落，后拖擦中央，不要碰到墙壁或物品。原则上应从里面开始工作，边擦边后退，不要踩踏已擦过的地方。

1.老式墩布

老式墩布是在长柄一端安装布条等拖把头，它和抹布有同样的作用，适用范围广，而且简便廉价。拖地后用清水将拖把头冲洗干净即可再次使用。拖地工作完成后要将墩布清洗晾晒，以防止布条发霉发臭。

2.拧水拖把

拧水拖把的手柄是不锈钢材质，不易生锈；伸缩杆设计，可调节长短；旋转拧水不费力，不需要辅助工具。

3.胶棉拖把

胶棉拖把是现在较流行的拖把类型，拖把头是胶棉，吸水性强，有拧水自洁的功能。拖地后用水冲洗即可将胶棉上的脏东西冲掉，然后用力拉动拖把头附近的拧水把手即可轻松地将水分挤干。

4.甩干拖把

市面上常见的"好神拖"就是一种甩干拖把，它采用的是离心力原理，利用人手或者脚的力量，使拖把头像在洗衣机里甩干一样甩掉水分。

（五） 拖桶

拖桶用于清洗拖把。将清洗干净的拖布放在漏网中边拧边压，挤干水分后备用。涮洗拖布时要轻拿轻放，勤换水，水不要溢出桶外。

（六） 手持喷雾器

用于玻璃、家具、墙壁和装饰物等的清洁。使用前，向喷雾器内装水或专用清洁剂，对准污垢处喷洒，再用抹布擦拭。

（七） 掸子

多用于清扫家具、装饰品等物品上面的浮尘。一般按照从上而下的顺序清扫，动作轻柔。

（八） 玻璃刮

用于玻璃的清洁，可刮去玻璃上的水分，保持玻璃干净明亮。一般为短柄，便于操作且用力均匀。手臂够不到的高度或者有深度的地方，要使用伸缩杆。

（九） 步梯

材质为铝合金或不锈钢，按长短不同分为多种型号。将步梯完全打开，放置稳妥才可使用。

（十） 清洁刷

一般由刷毛、托柄、把手三部分组成。根据清洁对象的不同有不同的清洁刷，比如厕所刷，就是用于清洁便器的刷子。

（十一） 清洁刀

用于铲下厚污渍、水泥砂浆、涂料、油漆等。

用清洁刀去除污渍时要仔细，不能刮伤物品表面。使用时，双手按住刀柄下压，形成倾斜面，小心地铲去污渍。

（十二）吸尘器

吸尘器是专用除尘去污设备，可清除地面、地毯、墙面等平整部位的灰尘，但不能在有水渍的地面和玻璃上使用。使用时，先将吸尘器的各部分连接妥当，检查电源线有无破损，确保安全。一般吸尘器的吸力大小是可以调节的，可视使用环境的不同调整强度。一般遵循从里到外的吸尘原则。每次吸尘后，要将尘袋清理干净并清洁机身，将吸尘器放置到干燥的环境中。

二、常用清洁剂

清洁剂可用于衣物的清洗，墙面、地面、玻璃、马桶、家具等的物品清洁。家居用品种类繁多，性能与材质千差万别，所以市面上清洁不同物品的清洁剂也是种类繁多，认识并了解常用清洁剂的功能、用途和使用方法，是家政服务员应具备的基本素质。

（一）衣物洗涤剂

1.洗衣粉

洗衣粉是家庭必备的清洁用品。常用的有普通洗衣粉、低泡洗衣粉、加酶洗衣粉和加香洗衣粉四种。普通洗衣粉溶解快，泡沫丰富，去污力一般，难漂洗，价格低廉，通常用于手洗。手洗时，先将适量的洗衣粉溶解于温水中，待洗衣粉充分化开后放入衣物，浸泡20分钟后再洗，能取得更好的洗涤效果。用手将衣物充分揉搓，然后用清水涤几遍，直到涤过衣物的水不再有大的泡沫为止。浓缩洗衣粉颗粒小，清洁力强，泡沫少，易洗涤干净，一般适用于洗衣机机洗。加酶洗衣粉在洗衣粉中加入了能清除奶渍、果汁污渍等顽固污迹的酶，加香洗衣粉则加入了香精，能使衣物气味芬芳。需要说明的是，洗衣粉的用量不是越多越好，超量使用洗衣粉，不仅浪费水，而且有可能伤害衣物，残留在衣物上的洗衣粉还会伤害皮肤。

2. 洗衣皂

洗衣皂一般为块状，也是常见的衣物洗涤用品。洗衣时，先将衣服浸湿，洗衣皂打湿，将洗衣皂大面积涂抹在衣物上，然后用力揉搓。特别脏的地方可重点使用，然后用双手对搓，再用清水涤干净即可。洗衣皂一般用于内衣、小件衣物的清洗，还有婴儿洗衣皂专门用于清洗婴儿衣物。

3. 洗衣液

在各种衣物洗涤用品中，洗衣液受到越来越多的人们的青睐，它已经成为一种流行的衣物洗涤剂。洗衣液偏向中性，可以完全溶解于水，对衣物和皮肤的伤害较小。洗衣液泡沫少易涤清，节水环保，可手洗也可机洗，而且其清洁能力较强，特别脏的地方可以先用它做预处理。洗衣液的使用方法与洗衣粉基本相同，使用前要注意产品说明中的用量大小，根据衣物多少适量使用，避免浪费。

 家庭小贴士

　　使用衣领净时，不要把衣物打湿，要在干燥的衣物污渍处喷上或涂抹上衣领净，静置3分钟再进行下面的洗衣程序。

4. 衣领净

如果衣物沾上了果汁、墨水、奶渍、血渍等顽固污渍，或者是衣服领子袖子等特别脏的部位，用一般的洗涤用品可能难以达到很好的去污效果，这时候可以使用衣领净。在衣物浸水洗涤前，先在污渍处喷上或者涂抹上衣领净，静置3分钟，用清水洗涤污渍处，然后再按正常的洗衣程序继续进行手洗或者机洗。要注意的是，在沾上油渍等污渍后要尽快清洗，污渍留存在衣物上的时间越久越难去除。

5. 丝毛净

丝毛净是丝绸、羊绒、羊毛及其混纺制品的专用洗涤剂，它不腐蚀这些材料的天然纤维，可以防蛀防静电，保持衣物柔软。使用时，先将适量丝毛净溶解于水，将衣物放入，浸泡10分钟左右后轻揉，不要用力搓洗，然后用清水洗涤干净。

6. 柔顺剂

柔顺剂可使洗涤过的衣物柔顺、蓬松、色彩艳丽、清新好闻，在比较干燥的季节还能去除静电。手洗衣物完成时，可将柔顺剂溶解在水中，将洗涤干净后的衣物浸泡在里面，然后取出晾晒。机洗时，把柔顺剂倒入柔顺剂专用口，洗衣机会自动处理。需要注意的是，柔顺剂含有会伤害人体的化学成分，因此要少量使用，孩子、孕妇、老人和病人的衣物一般不使用柔顺剂。

（二）厨房用清洁剂

1. 洗涤灵

洗涤灵是清洗餐具、厨具的清洁用品，可以去除餐具上用清水难以洗掉的油污。果蔬洗涤灵可以除去果蔬上的农药残留。使用时，先放一盆水，将适量洗涤灵溶解在水里，将碗筷浸泡在盆里，用抹布把碗筷涮干净再用清水冲洗。或者将洗涤灵稀释后再喷洒在抹布上洗碗。不要将洗涤灵直接倒在抹布上洗碗，这样很难把洗涤灵冲洗干净，即使已没有泡沫也很可能会有残留。

家庭小贴士

市场上的清洁用品琳琅满目，相同用途的产品可能会有不同的名称，家政服务员在使用这些产品时务必要仔细阅读产品使用说明和注意事项，以防止出错，给用户造成损失。

2. 厨房油污净

厨房油污净一般带有喷嘴，可用于抽油烟机和厨房其他油污较重地方的清洗。使用方法和步骤见第三章第四节。

3. 去污粉

去污粉的主要成分是小苏打和碱面，可去除水泥地面、陶瓷制品上的油污，一般用于厨房及其他居室的角落、边角处顽固污渍的清除，有一定的腐蚀性。使用时，戴上手套，取适量去污粉在污垢处，用刷子刷洗，然后用抹布擦净。

（三）卫生间用清洁剂

1. 洁厕液

用于卫生间马桶的清洗。使用时，先用马桶刷将污物刷掉，冲洗干净，然后轻轻挤压洁厕液瓶身，将液体均匀的洒在马桶暗沟和内壁四周，等待液体慢慢流下。对于普通污垢，待片刻液体起效后，直接冲水即可。对于顽固污垢，可适当延长液体停留时间，再用马桶刷仔细刷干净，冲水洗净。

2. 浴室清洁剂

用于浴缸、淋浴房、面盆、瓷砖墙面和地面的清洁。将旋转喷嘴打开，均匀喷洒在污垢表面，3~10分钟后用湿布或者沾水海绵擦拭，然后用清水清洗表面即可。

3. 84 消毒液

卫生间要经常消毒，84 消毒液是家庭常见消毒剂，使用时先稀释，然后用抹布或者拖把蘸取稀释溶液擦墙壁或者地面。

4. 漂白水

漂白水是一种含氯除菌用品，可广泛用于家庭和公共场所物品的除菌清洁以及衣物的漂白。要注意的是，漂白剂可能会使有色织物褪色，使用时要先在织物隐蔽处试用，不要直接使用原液漂洗。

家庭小贴士

> 皮沙发切记不可用洗衣粉、汽油、去污粉等清洗剂清洁。

不要用于丝绸、毛、尼龙、皮革衣物、铝铜制品及漆面。不要与各种洁厕剂混合使用。

漂白水的使用方法

	用　途	用　量	用　法
除菌清洁	餐具、厨具、冰箱、电话、墙面、浴缸、洗手盆、地面、坐厕、台面、椅子、门把手、电梯等	按1:99比例稀释，即半盆清水（约3升）加入2/3瓶盖	往返擦拭或喷雾润湿，30分钟后用清水冲洗或擦拭。
	病患者使用过的器具、衣物、被单、台布、毛巾等	按1:50比例稀释，即半盆清水加入1.5瓶盖	浸泡30分钟，再按常规程序洗涤，即可达到除菌清洁效果。
	洗衣机	按1:200比例稀释，即中水位加入3.5瓶盖	开机搅匀后关机浸泡1小时，然后开机完成一次洗涤程序。洗衣机最容易污染细菌，1~2周应清洗一次。
	垃圾桶	原液	直接用原液喷雾润湿内侧，10分钟后，用清水冲洗。
	饮水机	按1:200比例稀释：即半盆清水加入1/3瓶盖	将稀释液倒入进水入口，加满为止，停留10分钟后放掉，搁上新水桶，再放出少量水弃掉即可饮用。
漂白	白色衣物上的有色污迹	每半盆清水加入1/3瓶盖	先将白色衣物用清水浸透，然后投入稀释液中浸泡20分钟，再按常规方法洗涤。

（四）玻璃、镜子清洁剂

1. 玻璃水

用于玻璃镜面或者玻璃制品污迹的清除和上光。将玻璃水均匀喷洒在物体表面，然后用干毛巾擦干或用玻璃刮刮洗。

2. 玻璃清洁剂

将玻璃清洁剂喷嘴旋转至"ON"（开），距玻璃或者镜面20厘米处喷射，然后用干抹布擦净即可。用完后将喷嘴旋转至"OFF"（关）。

（五）地毯清洁剂

有高泡地毯清洁剂、低泡地毯清洁剂、干粉去渍剂、消泡剂、化油剂和局部去渍剂等。

（六）硬地面清洁剂

瓷砖和水泥用万能清洁剂，木地板用木地板清洗溶剂和木地板腊，大理石用翻新清洁剂、结晶粉、大理石保养液和防静电除尘液。

（七）家具清洁剂

有家具蜡、碧丽珠（沙发专用护理剂的一种）、皮革护理剂等。

（八）金属清洁剂

有金属擦亮剂和不锈钢清洁剂等。

除上述清洁剂外，还有一种中性的全能洗洁剂，各种可用水洗的材料表面都可以用它进行清洁。它去污能力强，没有腐蚀性，并具有一定的杀菌功效。

家庭小贴士

　　清洁剂多为碱性，易伤手，使用时不要直接用手接触，最好带乳胶手套，否则对皮肤有损害。

　　厨房使用的清洁剂不要与卫生间的清洁剂混用，以免发生化学反应。

三、作业前的个人防护

家庭保洁员经常接触化学清洁剂及垃圾尘埃等，因此应该佩戴合适的个人防护器具，如手套、安全工作胶鞋、防尘口罩等。

第二节 进门前准备

一、出工准备

家政服务员在出工之前要做好准备工作。

（1）在调度管理处领取服务单。

（2）按服务单的服务类别及要求，领取工具及耗材。

（3）提前熟悉到服务地点的路线，严禁私自要求用户推迟或变更服务时间。

（4）提前出发、准时到达。

家庭小贴士

按门铃时，先轻轻地按一下，听一下门内有没有回应，隔一会儿再按一下。

敲门时，先敲三下，等待回应，如没回应，再敲。

二、到用户家

家政服务员在到达用户家、开始工作之前，要敲门、问好，提供服务单后准备开始。

（1）敲门进屋。按门铃或轻敲门三下，等候用户开门。

（2）问好介绍。待开门后主动向用户问好，并做自我介绍。

（3）提醒用户。向用户提供服务单，并请用户收捡好自己的贵重物品和现金。

（4）准备服务。更换工作鞋（鞋套）后进屋，准备服务工具并将工具摆好。

第三节 家庭保洁作业流程

在清洁工作开始之前，家政服务员应该首先了解要清洁房间的状况，根据用户的要求安排清洁顺序。但家政服务员要掌握家居保洁工作的总体流程和操作程序。

一、了解工作内容

（1）用户对家居环境的清洁要求。

（2）卧室、书房、客厅的整理顺序和各种物品的清洁。

（3）厨房的保洁顺序和各种物品的保洁。

（4）卫生间的保洁顺序和各种物品的保洁。

二、掌握保洁原则

从上到下，从里到外，从边缘、凹凸处到中间、广阔处。

三、房间清洁顺序

家庭各居室按功能的不同可分为卧室、客厅、厨房、卫生间等。各个房间的清洁顺序可根据用户的要求进行安排，但其一般顺序为：

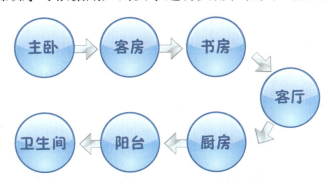

第四节 家庭保洁的结束工作

居室保洁过程中会产生一些垃圾，要将这些垃圾收集起来，按不同种类放置在不同的垃圾筒内或其他地点，家庭保洁工作才算结束。

一、垃圾收集

将保洁过程中产生的垃圾统一收集到垃圾袋中，保洁工作结束后一起倒掉。

二、垃圾分类

生活垃圾一般可分为四大类：可回收垃圾、有害垃圾、厨房垃圾和其他垃圾。

家庭小贴士

家政服务员在处理抛弃物时，对于有回收价值的物品，可以收集到一个地方，征得用户同意后卖给废品收购站，并把收入所得交给用户。

（一）可回收垃圾

包括纸类、金属、塑料、玻璃瓶，通过回收利用，可以减少污染，节约资源。

（二）有害垃圾

包括废电池、废日光灯管、废水银温度计、过期药品等。

（三）厨房垃圾

包括剩菜剩饭、骨头、菜根菜叶等食品类废物，经生物技术处理可转化成肥料。

（四）其他垃圾

除上述垃圾以外的砖瓦陶瓷、渣土、卫生间废纸等难以回收的废弃物，可采取卫生填埋的方法有效减少对环境的污染。

三、垃圾运输

保洁工作结束后，将垃圾运输到指定地点。

服务案例

工具齐备 事半功倍

　　王女士新租了一套房子，在入住前要对居室进行彻底清洁，于是请了家政服务员小蒙。

　　小蒙到王女士家后，先是在征得王女士同意的情况下去商场买了各式各样的清洁用品。厨房的油烟机就用厨房油污净先喷再用抹布擦拭；马桶去污就用洁厕灵；瓷砖的表面先用瓷砖清洗剂喷洒在污渍上，几分钟后再用抹布擦拭。大半天的功夫，整个家就被小蒙清扫得干干净净。

　　王女士晚上回家看到照得出人影的地板、洁白的洗手池心里非常高兴，对小蒙说："能请到你这样的家政服务员，我真是太高兴了。"

博士点评

　　清洗不同的地方应该使用不同的清洁剂和工具。工具要专物专用，刷马桶的刷子绝不能用来刷浴缸，擦地面的抹布也不能用来擦墙面。家政服务员在使用清洁剂时，务必要仔细阅读说明书，了解清楚其使用功能，切记不要胡乱使用。

● 家庭博士答疑

博士，清洁剂的种类这么多，是不是只要记住它们的名字和使用方法就一劳永逸了呢？

当然不是，市面上清洁剂的种类很多，不同厂家的相似产品叫的名字也不同。我们在书中指出的都是某种清洁剂的常见名称，对这些名称要熟悉，并知道其用途。在进行家庭保洁作业时，还是要认真阅读各种清洁剂的使用说明和注意事项，这样才能万无一失。

● 练习与提高

1. 保洁常用的物料有哪些？
2. 家庭常用清洁剂可以分为哪几类？
3. 常用衣物洗涤剂、厨房用清洁剂和卫生间用清洁剂分别有哪些？
4. 保洁前需要做哪些准备工作？
5. 保洁作业的流程是怎么样的呢？

第三章 居室保洁

学习目标

本章应掌握的知识要点：

1. 居室清洁标准

2. 能按程序进行卧室保洁、客厅保洁、厨房保洁、卫生间保洁、阳台和储物间保洁

3. 不同地面、墙面以及洁具、家具的清洁要点，常见材料地面、洁具、家具的清洁方法

4. 家居防潮和除锈

基本要领

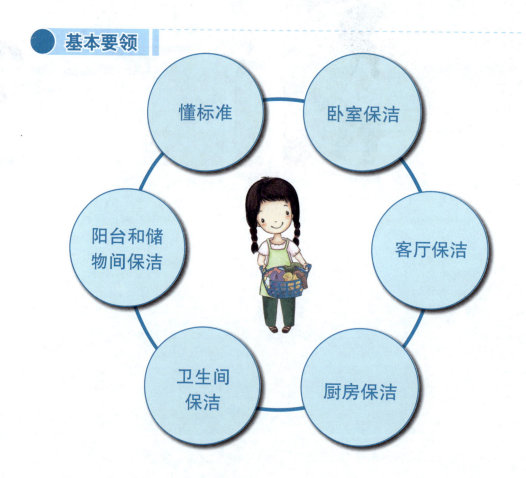

懂标准

卧室保洁

客厅保洁

厨房保洁

卫生间保洁

阳台和储物间保洁

第一节 家庭保洁的基本标准

家庭保洁的质量标准是"九无、八亮、两坚持、两保持"。

"九无"是无积尘，无塔灰，无蛛网，无碎片，无污渍，无锈迹，无积水，无布毛，无异味。

"八亮"是玻璃、金属扶手、灯具、镜面、地面、金属门牌号、电视荧光屏等设备表面和卫生设备干净明亮。

"两坚持"是坚持居室每日一清扫，坚持茶杯、碗筷每日消毒更换。

"两保持"是保持居室空气清新无异味，保持家用设施洁净整齐，使用状态完好。

家庭清洁卫生的整体质量标准是：墙壁无污损；地面无烟头、纸片、果皮、积尘、痰迹、垃圾等；各种家居用品无尘土、无手印、无污迹；开关按键干净、四壁光亮、无污迹手印；门前、厅堂整齐、清洁、美观。

第二节 卧室保洁

卧室是人们休息的私密空间。卧室清洁与否，直接影响到家庭成员的精神状态和健康。家政服务员要掌握卧室的保洁顺序和步骤，了解不同材质被褥的清洁晾晒方法并能进行床垫的清洁与保养。

一、卧室保洁顺序

卧室保洁应按从上到下、从里到外的顺序进行。

从上到下指的是卧室吊顶—灯具—墙面—家具—地面。

从里到外指的是从卧室里端开始保洁作业，直到卧室门口，如卧室有阳台，则从阳台开始。

二、卧室保洁步骤

（一）拉开窗帘

拉开窗帘、开窗通风，检查窗帘是否有掉钩、脱轨或破损现象，拉手是否灵便好用。关掉房间内多余的灯。

（二）清理垃圾

收集垃圾，将用过的烟缸、脏的餐具和杯子等统一收到厨房待洗，然后换上新的垃圾袋。

（三）清扫墙面

现在很多家庭喜欢使用墙纸，墙纸上若不慎沾上污垢，可用旧牙刷轻轻刷去深层污垢，然后用湿布擦拭，直至干净。

墙纸墙面要避免受潮，用于擦拭污垢的抹布不能太湿，以免墙纸起壳翘起。

（四）清洁玻璃

先用干净的湿抹布将窗框擦净，再用撕碎的报纸卷成团或用干抹布，两手夹着玻璃像画圆似地擦拭，直至擦净。

（五）整理床铺

（1）衣物整理：整理时首先把床上的衣物分类整理，需要洗涤的放入旁边备好的水盆中。

（2）被子整理：按用户的不同习惯，可以将被子平铺在床上，也可以将被子折叠起来放在合适位置或放在柜子里。折被子时，先把被子展开铺平，沿纵向把被子分成三等份，然后把被子折成一个三折面，保证三个折面宽度相等、对齐，用双手前臂把被子压平整。

（3）床单整理：首先是把床单甩开，然后把床单压平整，最后按照先床头、后床尾的顺序，把四个角包好。也可以将床单平铺在床上，床单三面自然下垂，不包角。

（4）枕头：按用户的习惯和要求整齐地摆放在床头或收放在卧室柜内。

（5）床罩：根据用户习惯，用床罩将整个床罩起来。

（六）室内抹灰

室内抹灰的顺序是：

（1）准备干湿两块抹布。

（2）从房门门框开始，用湿抹布擦拭一遍各种家具。

（3）用干抹布按顺时针方向抹一圈踢脚线。

（4）用柔软的干抹布擦拭电器、镜子及其他遇湿易腐蚀的物品。

擦房门时，应该把门牌、门框、门面擦洗干净。风口要定期擦拭，防止风口积尘。用户居住的房间，擦壁柜时只需要把大面积卫生搞好，如果是空房，就要把壁柜完整地打扫干净。把衣架擦洗干净，并检查衣架、衣刷、鞋拔子是否齐全。

擦拭穿衣镜和梳妆台上的镜子时，要用一干一湿两块布擦拭，要做到镜面清洁光亮，不能有布毛、手印和灰尘。

在擦拭写字台时要检查电路是否完好。擦灰结束后，应将写字台恢复原样。写字台上的日历需要每天翻动。

擦拭床头时，应注意潮湿的抹布不能贴着墙面，擦拭结束后，要检查床头罩是否平整，并进行整理。

（七）清洗茶具

凡是用过的茶具都要清洗更换。更换消过毒的水杯时，手不要捏住杯口，放置杯子时，杯口应朝上。

房间内摆放的水果拼盘、糖盘、水果刀也应该每日更换。

（八）地面保洁

地面保洁应该从房间的里端开始，往外面清洁至门口。清洁完毕后，拉好窗帘、移动过的家具恢复原位。

三、不同材质被褥的清洁晾晒

（一）不同材质被褥的清洁

1. 棉被

棉被不可以水洗，清洁方式主要是在室外拍打灰尘、在阳光下暴晒。如有黄斑出现，表示已滋生细菌或虫类，最好丢弃。

2. 化纤被

可用中性洗洁剂或肥皂粉，选择洗衣机的弱转档轻柔清洗、脱水。

3. 羽绒被

一般每3~5年干洗一次，也可用中性洗洁剂或肥皂粉水洗。水洗时，先将羽绒被完全浸湿，取出压去水分。然后将羽绒被浸在温热的肥皂水中，脏的地方用毛刷轻轻刷洗，然后取出用清水洗涤干净，拍打平整放在阴凉处晾干，要保证羽绒被干透。

4. 羊毛被

需要干洗。因为羊毛会缩水，所以不可水洗，以免变形。

5. 蚕丝被

不可以用水清洗，如沾上污渍，要用专用洗涤剂进行局部清洗。全面清洗时，需要送干洗店干洗。

（二）不同材质被褥的晾晒

晒被子的主要目的在于去除湿气。晒被子的最佳时间是下午 3 点之后，利用午后的阳光晒一个小时就可以了。除了蚕丝被，其他的被子都可以拿到户外晒太阳。此外，利用除湿机、烘干机都可以达到晒被子的目的。

家庭小贴士

蚕丝被不能用水清洗，不能拿到户外晒太阳。

1. 化纤被和棉被

定期日晒即可。

2. 蚕丝被

不可日晒，因为紫外线的照射会使蚕丝蛋白变质，致纤维脆化而缩短寿命。可每周大力抖动蚕丝被，使被胎的内部纤维恢复弹性。将蚕丝被定期放置于通风处吹风干燥，或在早晨、傍晚较微弱的阳光中晾晒，可以延长使用寿命。蚕丝被变得潮湿时，将其放置于通风良好的阴凉处自然风干即可。

3. 羽绒被

一般每隔两星期左右将其放置于通风处阴干即可达到干燥的效果，不要在烈日下暴晒，可以在被胎上覆盖被单再晾晒。湿气较重时，可以将它平铺在床上，用除湿机除湿。

4. 羊毛被

需适量暴晒。羊毛被可定期放置于日光下晾晒，以去除水汽并达到消毒目的，还可以延长使用寿命。

（三）被褥的收纳

收纳前最好先将被胎清洁整理，再依不同的材质以吹风阴干或在阳光下暴晒的方式做保养，才能干爽地装入收纳袋中。若家中湿气较重，最好放置一些干燥剂以利于收藏。

四、床垫的清洁与保养

床垫的清洁与保养要点如下：

（1）搬运床垫时要避免使床垫过度变形，不要将床垫弯曲或折叠，不要直接用绳索使劲捆绑，不要让床垫局部受力过重。

（2）定期翻转。新床垫在购买使用的第一年，每2~3个月正反、左右或头角翻转一次，使床垫的弹簧受力均匀，之后每半年翻转一次即可。

（3）除使用床单外，最好能套上床垫罩，可以避免床垫弄脏，确保床垫清洁卫生。

（4）使用时去掉塑料包装袋，以保持通风干爽，避免床垫受潮。切勿让床垫暴晒时间太长，以免褪色。

（5）不要经常坐在床的边缘，因为床垫的四个角最为脆弱，长期在床的边缘坐卧，易使护边弹簧受损。

（6）不要在床上跳跃，以免单点受力过大损坏弹簧。

（7）保持清洁。定期用吸尘器清理床垫，但不可用水或清洁剂直接洗涤。同时避免洗完澡后或流汗时立即躺卧其上，更不要在床上使用电器或吸烟。

（8）如果不小心将茶或咖啡等饮料打翻在床，应立即用毛巾或卫生纸用力吸干，再用吹风机吹干。当床垫不小心沾染污垢时，可用肥皂及清水清洗，切勿使用强酸、强碱性清洁剂，以免床垫褪色或受损。

第三节 客厅保洁

客厅是接待客人和家庭成员起居的公共空间，是一个家庭的门面。家政服务员要掌握客厅的保洁步骤、不同家具的保洁和不同材质地面的保洁。

一、客厅保洁步骤

（1）拉开窗帘，打开窗户。

（2）清洁衣帽柜及鞋柜。

（3）清理沙发及茶几。

（4）客厅内抹尘。

（5）清洗茶具。

（6）地面清洁。

（7）检查工作有无遗漏。

（8）关闭窗户。

二、家具保洁

单件家具的保洁顺序是由内而外，从上到下。家具内部需要清洁的，先从家具内部最上面开始，内部清洁完后，再从家具外部最上端开始，直到家具底部。

（一）木质家具

忌潮湿。清洁未刷漆的原木家具时要用软布轻轻擦拭。刷过漆的原木家具脏了后，用布蘸上稀释的清洁剂拧干后擦拭，然后立即用干抹布擦净。

（二）藤制家具

清洁藤制家具网眼夹缝处的积灰时，可用毛头柔和的刷子，自网眼处由内向外拂去灰尘，或用吸尘器的吸嘴仔细吸。除尘后，用盐水擦拭然后立即干擦。

藤制家具表面也可涂上一层蜡，既增加光洁度，也起到保护作用。

（三）沙发保洁

各种面料的沙发保洁方法如下：

1. 皮革沙发

用柔软的干布擦拭灰尘。如沾染污迹，可先用干布蘸取少许皮革清洁

家庭小贴士

皮沙发失去光泽的地方可用香蕉皮的内侧擦拭，然后再用干布擦拭一遍，即可恢复光泽。

剂涂于表面污迹处，然后再用潮湿的软布擦拭。

2. 布沙发

用干抹布蘸少许地毯清洁剂擦拭沙发污渍处，然后用干抹布反复擦拭即可清除污渍。定期保洁时，还应重点清除沙发褶皱处的灰尘和污渍。

3. 木沙发

木质沙发应重点清除花纹凹凸处的灰尘和污渍，可用蘸过保洁蜡的干抹布包在竹筷或圆珠笔杆上，通过镂空处并来回拉动抹布，以清除内部积尘。

（四）衣帽柜和鞋柜

先将衣帽或鞋拿出来，用掸子或干抹布从上到下清除衣帽柜内浮尘，用吸尘器从上到下吸除鞋柜内的尘土和沙粒。然后，用掸子或干抹布清除衣帽柜或鞋柜门表面的浮尘。

（五）茶几的清洁

茶几的清洁，平时仅需以干布拂尘即可。若遇到脏污时，则以清水或稀释的厨用洗涤灵处理。如为玻璃台面，最正确的处理方法是喷上玻璃专用清洁剂，然后用干抹布擦拭。对于茶几上的顽固污渍，可用小苏打水和软布轻轻擦拭。

茶几的金属部分需保持干燥，尽量避免潮湿。茶几等家具摆放时应尽量远离窗户，以免被日晒、雨淋损坏，若有必要，需装窗帘或布幔。

（六）酒柜的保洁

酒柜保洁周期一般为 10~20 天。可用干抹布将酒柜内各类器皿擦拭干净，用干抹布蘸少许玻璃清洁剂擦拭酒柜内外玻璃及镜面，然后再用拧干的清洁抹布擦拭酒柜内外非玻璃（镜面）的部位，最后用干抹布擦干水迹。如有难以清除的污渍，可用干抹布蘸取按 1:100 稀释的全能清洁剂的水溶液擦除，再用拧干的清洁抹布擦拭干净，最后用干抹布擦干水迹即可。

三、地面保洁

地面清洁时，首先用笤帚大面积的将地面的垃圾、灰尘清理干净，然后按照不同材质地面的清洁要求进行清洁。

居室地面装饰材料很多，有地毯、木地板、复合地板、石材地面、地砖等。现将不同装饰材料的地面清洁要求介绍如下。

家庭小贴士

地毯铺用一段时间后，应调换位置，使各处磨损均匀，如出现凹凸不平，可轻轻拍打，或用蒸汽熨斗熨平。

（一）地毯保洁

清洁地毯时，不仅要吸净其表面浮灰，避免大量污垢渗入纤维内部难以清理，还要定期将地毯翻转，清除背面的积尘。清理完毕，要将挪动过的地毯放回原处。

不同居室铺设的地毯材质不同，如门厅铺混纺、化纤、草编的防尘踏脚毯，卫生间铺耐用的塑料、橡胶防滑毯，客厅、卧室铺设精致高雅的丝织、羊毛艺术地毯。进行地毯保洁时，首先要了解地毯的材质，然后采用相应的保洁方法。

1.丝织地毯、羊毛地毯和混纺地毯的清洁

（1）清洁原则

一般不可水洗，如不慎沾染污渍，要尽快用地毯清洁剂进行局部清洁，或拿到专业干洗店进行处理。

（2）清洁步骤

此类地毯的清洁步骤如下：

1.用刀或其他工具刮掉固体污垢。

2.用干净的白色柔软毛巾轻擦。

3.在污处喷上地毯清洁剂，停留3分钟。

4.用纸巾由外向内揉搓沾有污渍地方，让纸巾将污渍吸掉。

5.用干纸巾或毛巾吸除残余痕迹。

（3）常见污渍去除方法

羊毛地毯常见污渍去除方法

污渍分类	去渍方法
饮料	将地毯上的液体污渍用抹布、纸巾等彻底吸干，用海绵蘸上清洁剂擦拭，再用纸巾吸干残留的清洁剂，用海绵蘸上温水擦拭，最后吸干水分。
呕吐物	用刀或其他工具刮去脏物，用纸巾吸干再用海绵蘸上清洁剂擦拭，用纸巾吸干后用海绵蘸上温水擦拭，最后吸干水分。
口香糖	先用冰块冷敷使其发脆，再用刀刮去，用海绵蘸上清洁剂擦拭，用纸巾吸干后再用海绵蘸上温水擦拭，最后吸干水分。
动植物油迹	用干净抹布蘸取纯度较高的汽油反复擦拭。
墨汁	新迹：在墨迹处撒少许盐，用干净抹布蘸肥皂水擦拭，擦净后用纸巾吸去水分。陈迹：用少许牛奶浸润片刻，用毛巾蘸牛奶擦拭，再用干布蘸清水擦拭后用纸巾吸去水分。
血渍	用冷水擦洗，再用温水或柠檬汁搓洗。

2. 化纤、塑料、草编地毯的清洁

可水洗。用温水泡些肥皂粉或洗洁精，然后用刷子蘸取洗涤液刷洗地毯，再用清水漂洗干净。要放在通风处平铺、晾干。注意不能直接放在太阳下暴晒，这样会使地毯变形、褪色。

（二）木地板与复合地板的清洁

实木地板容易受潮产生细菌，要经常用吸尘器清洁。为了保持实木地板的天然纹理，要在吸尘器上套上地板专用吸尘嘴，然后用干抹布或者拧干的拖把擦拭。因为实木地板不能沾水，因此抹布要尽量保持干燥。若有油污，可用抹布沾点淘米水，拧干后小面积擦拭。木地板每隔一段时间要上地板油或打地板蜡，使地板保持光亮，延长其使用寿命。打蜡的基本原则是"勤、少、薄"。

地板打蜡步骤：洗地—风干—布蜡—风干—抛光

（1）将地面清扫干净，将起蜡水倒在抹布上湿润后擦洗地面，待蜡被起下后用抹布擦净，再用清水擦两次。

（2）用海绵拖把将地面完全吸干。

（3）将蜡剂均匀地布满地面。

（4）等待布上的蜡剂干透。

（5）用干净毛巾擦拭，直到地面光滑。

（6）将各类打蜡物品及工具清洁干净。

家庭小贴士

地砖上如有污渍，可用清洁剂擦拭一遍，接着用湿抹布将地面擦拭干净，最后用干抹布擦干。

（三）大理石、花岗岩、地砖、水磨石地板的清洁

对于此类地面，可用软笤帚清扫灰尘及垃圾，然后用半干的拖把拖洗，要注意将地面的水渍擦干，以防滑倒。如有污垢或油污，可先用地砖清洗剂或洗洁精清洁，再用上述方法清洁干净。需要特别注意的是，石材内部含有许多毛细孔，要避免油料、染料等液体沾染地面，一旦沾染，这些物质会被石材吸收，形成斑点和污迹，这种污迹几乎无法清除。

第四节 厨房保洁

家庭成员的一日三餐都离不开厨房，厨房的保洁直接关系到人们的身体健康。家政服务员要每天清洁餐具、灶具、灶台、抽油烟机和厨房地面、墙面、窗户，并经常去除厨房异味。

一、厨房保洁步骤

打开窗户
进行通风
→
厨房地面、墙面
和窗户保洁
→
餐具的
清洁与消毒

二、厨房地面、墙面和窗户的清洁

（一）厨房地面的清洁

厨房地面清洁的难点主要是地面的油污，可采用以下方式清除这些油污：

（1）在油污处滴上洗涤灵，再用拖把或抹布擦拭，然后用清水洗净。

（2）如果是小面积的污迹可用布蘸点儿碱水擦拭。

（3）如果地面油污较多，可以在拖把上倒一些醋再用它拖地，可将地面擦得很干净。

（4）水泥地面上的油污很难去除，可以取些干草木灰用水调成糊状，铺在水泥地面的油污处停留一晚，第二天再用清水将草木灰反复冲洗干净，水泥地面便可焕然一新。

（二）厨房墙面清洁

每天烹饪结束时，要用抹布擦拭厨房墙面，煤气灶边上的墙面可先用少许洗洁精擦拭，再用湿抹布擦净，若油污较重，可用厨房油污净清洗。墙面的接缝处也要擦洗干净，以免影响厨房的整体美观。

家庭小贴士

　　若白瓷砖表面有了黄渍，可用布蘸盐，每天擦两次，连擦两三天，再用湿布擦几次，即可洁白如初。

厨房墙面的清洁步骤如下：

（1）在盆中倒入开水、醋和洗涤灵，把它们搅拌均匀。

（2）把抹布在混合液中浸湿，拧至半干。把抹布上的混合液涂抹在瓷砖油污上，让混合液在油污上闷一小会儿，然后再擦拭清洗，污渍

将很容易去除干净。

家庭小贴士

　　厨房油污净的化学成分容易伤手，使用前要戴上手套。而且其气味刺鼻，吸入体内对身体也有伤害，使用时要开窗通风并戴上口罩。

（三）厨房窗户的清洁

1. 玻璃窗户的清洁

（1）用湿抹布把玻璃上的尘土擦掉。

（2）在玻璃上均匀地喷上玻璃清洁剂，停留片刻，也可用醋与食盐的混合液代替玻璃清洁剂。

（3）用抹布或旧报纸擦洗。先擦外面的玻璃，再擦里面的玻璃。

（4）如果是毛玻璃或者花玻璃，可以先用牙刷或毛刷刷洗，然后用海绵或抹布擦拭。

（5）如果玻璃上沾有油漆，可用绒布蘸少许食醋擦拭。

2. 纱窗的清洁

纱窗分为塑料纱窗和金属纱窗。厨房纱窗上的油垢很难清洗，且塑料窗纱若使用时间过久，经过风吹日晒很容易老化，清洗时容易损坏，所以塑料窗纱一般不必清洗，直接更换即可。对于金属纱窗，可先用笤帚扫去表面的粉尘，再用 15 克洗洁精加 500 毫升水，搅拌均匀后用抹布抹在纱窗内外两面，即可去除油污。或者在洗衣粉溶液中加少量牛奶，涂抹擦拭，洗出的纱窗会和新的一样。

三、厨房用具清洁

（一）餐具清洁

餐具的种类繁多，有不同材料制成的餐具，还有各种不同用途的餐具，家政服务员要掌握餐具的正确使用和清洁方法。

1. 餐具洗涤原则

（1）先洗不带油的后洗带油的。

（2）先洗小件后洗大件。

（3）先洗碗筷后洗锅盆。

（4）边洗边码放。

（5）儿童、病人使用的餐具和其他家庭成员使用的餐具分开洗涤。

（6）不锈钢炊具、台面禁止用百洁布、钢丝球擦拭，以免刮花表面。

2. 洗涤方法

（1）陶瓷餐具一般用热水洗涤，油腻餐具用淘米水或洗涤剂清洗。

（2）不锈钢餐具用软布清洗，洗后要擦干，不能留有水迹。

（3）砂锅用淘米水浸泡、加热，刷净即可。

（4）铜锅油垢用柠檬皮蘸盐擦拭即可。

（5）筷子最好用热水泡过后再用少许洗涤剂清洗，并在流水下冲洗干净。

家庭小贴士

　　新买的陶瓷餐具在使用前，要用食醋浸泡 2~3 小时，以溶出餐具里的有毒物质，然后再用开水煮 15 分钟消毒，冲洗干净方可使用。

（二）炊具清洁

1. 刀具清洁

一般用清水冲洗，长期不用要上油，生锈用土豆片擦洗。

2. 案板清洁

用洗涤剂（或醋和盐的混合液）和鬃刷充分刷洗，通风晾干。

3. 锅的清洁

锅的种类很多，有不锈钢锅、不粘锅、铁锅、铝锅、铜锅等。每次用完后都要及时清洗，要注意的是：

（1）清洗后要用软布擦干，放在通风干燥处。

（2）锅底烧焦时不能用金属锐器铲刮，也不能用钢丝球、百洁布等粗糙的抹布擦洗。应用水浸软后，用竹、木器轻轻刮净锅底，再用柔软的抹布洗净。

（3）用锅烧煮食物前，要先用干抹布擦干锅底，不能留有水渍，以免燃烧时产生有害物质腐蚀锅底。

（4）不粘锅表面禁止用百洁布、钢丝球擦拭，如有东西黏在上面，可用水浸泡后，用软布洗净。

4. 灶台清洁

灶台包括抽油烟机、燃气灶、水龙头、操作台等，清洁时要注意：

（1）水池过滤网特别容易积垢，可以用软布蘸些去污粉擦洗。

（2）水龙头和水槽转角等较难清理的地方，可以用旧牙刷蘸适量去污粉刷洗，再用水冲洗干净。

（3）对于燃气灶、煤气灶锅架、灶台边上的油污，可先将油污清洁剂喷湿厨房用纸，覆盖在上面，待几分钟后再擦洗干净。

（4）灶台瓷砖缝隙等较难清洗的地方，可用旧牙刷蘸取少许清洁剂，刷洗干净。

5. 抽油烟机清洗

如要拆卸油烟机，则请专业人士进行清洁。

在不拆卸风扇叶的前提下，选用可喷射的厨房油污净清洁油烟机。无网罩抽油烟机的清洁方法如下：

（1）先低速开启油烟机，将厨房油污净的喷嘴旋转至"SPRAY"状态，然后对准叶轮连续喷射。

（2）喷射后即关闭油烟机，20分钟后，深褐色的油垢会自动流入油杯，倒去油杯中的油污即可。

对于有网罩的抽油烟机，可先把网罩拆除，其他操作方法和无网罩抽油烟机相同。

油网应每半个月用中性清洁剂浸泡、清洁一次。对于易积油的开关及油杯内层，可用保鲜膜覆盖，然后直接撕开更换即可。

（三）餐具消毒

1. 煮沸消毒

将餐具洗干净后，放入一个大的锅中，加入水，水的深度要没过餐具。加火煮沸，开锅后继续煮 30 分钟，即可达到消毒的目的。

2. 蒸汽消毒

市场上有蒸汽消毒锅，使用时注意不要被脏抹布污染。也可将清洗干净的餐具摆放在一个干净的大笼屉上，盖上盖子，加水蒸。水沸腾后，再继续蒸 20~30 分钟，待餐具自行冷却即可。

3. 太阳光消毒

将餐具洗净后，在烈日下暴晒 40 分钟以上。暴晒时要加盖罩子，以免被尘土和蚊蝇污染。阳光中的紫外线可以起到消毒杀菌的作用。

家庭小贴士

禁止用不锈钢锅煎熬中药，因中药含有很多生物碱、有机酸等成分，特别是在加热条件下，常常会与锅发生化学反应而使药物失效，甚至产生毒性。

四、厨房去味

（一）去除厨房油烟味

去除厨房油烟味，可使用日常生活中的材料，例如柠檬片、茶叶，或者用专业除味剂。用绿茶去除厨房异味时，先准备一把平底锅，把平底锅加热，把绿茶放入锅内煎炒出味，片刻之后，室内的油烟等异味都会被绿茶的清香取代。

（二）排水管的疏通

堵塞的排水管也容易给厨房带来异味。可取一根长短粗细适宜的胶管，一端紧紧地套在关闭的水龙头上，另一端捅入排水管内 30 厘米左右。然后用棉纱、棉布、毛巾等将排水管壁和胶管壁之间的空隙塞死，用手按紧。然后拧开水龙头，水的压力可将排水管道里的杂物冲入下水道，排水管就疏通了。

家庭小贴士

厨房地漏和下水口要经常清理，以免被头发、菜屑等异物堵塞。

第五节　卫生间保洁

卫生间的清洁与家庭成员的健康息息相关。家政服务员要掌握卫生间的清洁步骤和方法，保持卫生间清洁、通风、无异味。

一、卫生间的保洁步骤

准备保洁工具和保洁材料 → 开启卫生间窗户 → 收集并清除卫生间废弃物及垃圾 → 放水冲刷座便器，擦拭马桶坐垫 → 清洁座便器 → 清洁卫生间吊顶 → 清洁墙面 → 清洁窗玻璃及窗框 → 清洁盥洗、沐浴设备 → 清洁地面 → 检查、整理、放置除臭卫生球

二、卫生间的清洁方法

清洁卫生间同样应按照自上而下的顺序进行，而且要经常清洁，定期消毒，保持卫生间干净、无异味。

（1）卫生间的洗脸盆、浴盆、墩布池等多为白色的陶瓷制品，若有污渍、水垢和锈斑，可喷上浴室清洁剂，5分钟后用干布擦去，再用清水冲洗干净。定期用消毒液消毒5~10分钟，再用清水冲洗干净。

（2）清洗座便器、便池。便器清洁一般用水冲洗，如内侧有污垢，可倒入适量洁厕剂，用马桶刷刷洗四周。如污渍较重，可浸泡几分钟再冲水洗净。

（3）清洁镜面时，可用抹布蘸稀释后的玻璃清洁剂，自上而下反复擦拭，再用清水擦洗，最后用刮水器自上而下刮干水分，或用干毛巾擦干水分。擦拭镜面的过程中，要避免水从镜子边缘渗入镜子内部而损坏镜面。

（4）浴室墙面一般是瓷砖、大理石、玻化石，每天洗澡后应及时冲洗，如有污垢，可用海绵或抹布将瓷砖清洁剂均匀涂抹在污垢处，稍等片刻再用清水冲洗，用抹布擦干。

（5）毛巾、浴巾、洗发水、沐浴液、化妆品等依用户习惯归位放置整齐。

第六节 阳台和储物间保洁

阳台可供人们休息、晾晒衣物，它与外界直接相连，易积累灰尘。储物间是储存备用品和家庭闲置杂物的地方，要认真清扫、整理。

一、阳台保洁

（一）阳台地面

阳台地面要每天清扫，做到地面无杂物，无积水，清洁无尘。其清洁步骤如下：

（1）准备抹布、拖把、扫帚及其他清洁工具。

（2）用水刷洗地面，用扫帚把多余的水扫入下水道后再用拖把拖干净水。

（二）窗台

窗台每周至少清洁一次，其清洁方法如下：

（1）准备抹布和干净的水，抹布必须干净，要勤清洗。

（2）擦拭窗框和窗台，要做到干净无尘，窗户开关灵活。

（三）阳台墙面和顶棚

阳台的墙面和顶棚要每周清洁一次。阳台墙面的清洁与室内墙面相似，用掸子或干净扫把掸掉墙面和顶棚的灰尘，再用干净的湿抹布擦拭。阳台墙面一般不用墙纸。

要做到墙面和顶棚无斑痕、无蛛网、无涂料脱落。

（四）阳台窗户玻璃

清洁阳台窗户玻璃时要注意安全，尤其是高层建筑的阳台玻璃。塑钢窗户可以拆卸，拆卸下来清洁，不仅方便而且安全。其清洁步骤如下：

（1）准备水桶、玻璃刮刀、清洁剂、干净抹布。

（2）扫去边框上的灰尘，擦净边框。

（3）清除框槽中的灰尘。

（4）用湿抹布清除表面污渍，必要时配合玻璃水和小刀片。

（5）用玻璃刮刀刮除玻璃表面水分。

（6）用干毛巾或报纸擦除表面水迹。

（7）检查玻璃上有无未除去的污迹。

（8）收齐所用工具清洗后放好。

家庭小贴士

玻璃或镜面上的轻微污渍和指痕，用等量的醋和水溶液就可除去。更为牢固的污迹，如化妆品或牙膏在镜子或玻璃上的痕迹，可用玻璃清洗剂除掉。

二、储物间的整理

每个家庭在长期的生活中，都积攒了种类繁多、大小不同的物品，若是随意乱放，不仅影响居室的整洁美观，而且增加了取用时的难度。因此，要把这些物品按用途、类别、大小或者易碎程度存放在储物间。按用途、类别存放物品时，应在存放的柜、橱、箱上贴上标签，写明物品的名称、数量，这样在使用时就方便多了。

第七节 家居防潮和除锈

居室中物品较多，如果每一件都进行专门防潮有较大难度，因此要做好家居大环境的防潮工作，并且能够进行各种家居物品的简单防潮和除锈。

一、家居环境防潮

家庭防潮最简单的方法是经常开窗，让居室透气通风，多让阳光照射进来。此外也可以利用生石灰、木炭除潮。

二、家用物品防潮

（1）家电防潮：除尘、定期开机、使用干燥剂。

（2）衣物防潮：使用干燥剂、经常晾晒。

（3）家具防潮：使用干燥剂除湿。

（4）食品防潮：烘晒晾干、低温保存。

（5）药品防潮：密封、低温保存。

三、家用电器除锈

家用电器除锈主要有以下方法：

镀铬家具生了锈，不要用砂纸打磨，可将其放入盛有机油的盆里浸泡 8~10 小时，用布擦拭干净。大镀件可先用刷子或棉纱蘸机油涂于锈处，稍候

家庭小贴士

日常生活中有不少废弃物可以派上用场，如食品袋中的干燥剂。平时如果注意收集，保存在密封的容器内，需要的时候拿出来就可以用了。

片刻，再用布揩擦，即可去除锈迹。

电熨斗上的锈斑，先用一块潮湿的布蘸上牙膏或牙粉慢慢擦拭，擦后在锈迹处涂上蜡，插上电源将蜡熔化，用抹布擦干净即可去除。

四、家用器具除锈

家用器具除锈的方法主要有：

（1）生锈的金属画框，用马铃薯皮擦拭，就能擦得锃亮。

（2）刀具生锈，可用切开的洋葱头擦拭。

（3）铜制品生锈，可以用醋擦洗。

（4）铝制品生锈，可以浸泡在醋水里，然后取出清洗，就会光洁如新。

（5）生锈的铁锅可在淘米水中浸泡数小时，然后用清水洗干净。

（6）火锅上的绿色铜锈可用布浸满食醋，再加适量盐擦拭，绿锈即可除掉。

（7）铝合金门窗生锈时，可用小刀将铝锈轻轻刮去，再用肥皂水洗干净，干布抹干，打上蜡油之后再用干布擦亮，就能光滑如新。

（8）银制品可用醋或牙膏擦拭，能使其恢复原貌，洁净光亮。

（9）卫生间的瓷器生锈时，可把适量的盐放入同重量的醋中，稍加热搅拌，然后用布吸取醋液放锈斑上捂 20~30 分钟，再用粗糙的布蘸盐醋混合液，用力擦洗，就能除去锈斑。

博士答疑

博士，用户家新购入了一套红木家具，不知道红木家具该怎么保洁呢？

红木家具不可用湿抹布擦洗。在红木家具的日常清洁中，可将"碧丽珠"喷洒在家具上，用柔软干净的干布擦拭。

服务案例

分门别类 方便美观

燕子工作的家庭男主人是位美食家，家中的调味品排满了整个柜子。每次按照用户要求做饭时，燕子总是要花很长时间找调味料。于是燕子就利用家政服务中的重视觉原理（分类标准），把不同国家的调味料分列摆放，保质期短的放前排，给每列调味品按不同风味贴上不同的颜色，这样不仅美观，而且在做饭的时候也节省了很多找调味品的时间。

博士点评

这个案例中的家政服务员很好的运用了家政服务中的重视觉原理。同理，家中的钥匙较多时，可以将不同的钥匙用不同颜色的标签进行区别，这样，开锁时就可以很容易找到相匹配的钥匙了。家政服务员使用的抹布很多，为了不出错，也可以用不同的颜色区分其不同的用途。家中的文件夹过多，我们也可以按照不同的类别给它们贴上不同颜色的标签。这些都是重视觉原理的运用。

练习与提高

1. 卧室保洁的顺序和主要内容是什么呢？
2. 客厅保洁的顺序和主要内容是什么呢？
3. 厨房用具如何清洁呢？
4. 厨房地面、墙面和窗户如何清洁？
5. 卫生间的保洁该如何进行？
6. 家居防潮措施和家居除锈措施有哪些？

第四章 衣物保洁

学习目标

本章应掌握的知识要点：

1. 纺织品的基本知识
2. 不同种类织物的洗涤方法
3. 不同种类衣物的晾晒与收藏方法
4. 皮革类衣物的保养方法
5. 鞋帽的保养方法

基本要领

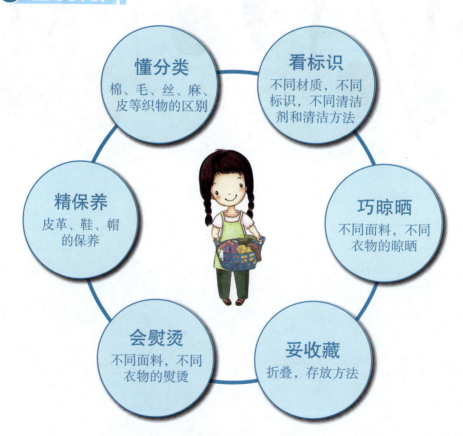

懂分类
棉、毛、丝、麻、皮等织物的区别

看标识
不同材质，不同标识，不同清洁剂和清洁方法

精保养
皮革、鞋、帽的保养

巧晾晒
不同面料，不同衣物的晾晒

会熨烫
不同面料，不同衣物的熨烫

妥收藏
折叠，存放方法

第一节 纺织品的基本知识

衣服的面料可以分为天然纤维和化学纤维两大类。在天然纤维中又有动、植物纤维之分。化学纤维又分为人造纤维和合成纤维等。

不同的纤维有不同的特性。洗涤衣物时，首先要了解和识别织物纤维的种类及特性，才能选择合适的洗涤方法。

一、各类纺织品的特点

（一）棉织品

棉纤维拥有良好的吸湿性和保暖性。棉织物穿着透气、舒适。棉织品耐碱不耐酸，适宜用碱性肥皂和普通洗衣粉洗涤。棉织物长时间被阳光照射会导致棉纤维断裂，故不宜暴晒。

（二）毛纺织品

毛纺织品的原料是毛纤维，包括羊毛、兔毛、驼毛等，其中以羊毛最为常见，其主要成分是蛋白质。

羊毛纤维弹性良好，吸湿性和抗酸能力强，制成的衣料挺括抗皱，不易变形、沾污，耐磨耐穿，保暖性强少静电，但容易起球、被虫蛀。羊毛纤维抗碱能力弱，遇碱会断裂，所以不宜用碱性肥皂洗涤。阳光中的紫外线会使羊毛失去光泽、泛黄，所以羊毛织物切忌在阳光下暴晒。

（三）丝织品

丝织品是由蚕丝制成的。蚕丝属于蛋白质纤维。蚕丝制品的特点是吸水性强、色泽鲜艳、柔软舒适、富有光泽，不起静电，不起球，但容易被虫蛀。蚕丝织品与羊毛织品类似，耐酸不耐碱。蚕丝织品更怕阳光，因此洗涤后的蚕丝织品宜阴干。

（四）麻织品

麻织品的特点是韧性好，强度和耐磨性高于棉布，穿着凉爽。麻织品也是耐碱不耐酸，对染料的亲和力比棉低。

（五）化学纤维

化学纤维具有弹性好、强度高、耐磨损、不易褶皱变形等特性。此类织物的纤维结构松散，容易起毛球。化学纤维延展性和弹性比天然纤维要好，因此制成品柔软舒适，穿着方便，做成的衣物挺括不皱，外形美观。但化学纤维吸湿性较差，不易吸汗，透气性差，人穿着会感觉闷气、不舒服，也容易起静电。化学纤维耐酸、耐碱、耐老化。其织品表面光滑，污垢一般仅吸附在织物表面，很容易清洗、晾干。

（六）皮制品

1. 真皮制品

真皮是由动物表皮加工而成的服装面料。

优点：有弹性、透气、抗风保暖、耐化学药剂。

缺点：易划伤、洗护要求高、拼片之间会有色差。

注意：忌水洗、不可暴晒、需悬挂、忌塑料袋封存。

2. 人造革（PU制品）

现在，PU材料广泛地用于服装生产，俗称仿皮服装。PU皮外观漂亮，易打理，价格低，但不耐磨、易破损。

二、各类纺织品的鉴别

保洁人员能否正确鉴别衣料，直接影响到服装的洗涤效果。

鉴别纤维原料的方法有感官鉴别法、化学鉴别法和燃烧法。

日常生活中大多不用化学法，常用看、摸、闻、烧四种方法。

（一）感官鉴别法

（1）化纤织品：颜色刺目、轻、飘。

（2）真丝织品：色泽均匀、摸有棘手感、柔软滑爽、感觉沉甸甸的。

（3）棉织品：柔软、厚实、弹性差。

（4）麻织品：粗糙、发硬、易起皱。

（5）毛织品：纹路清晰、挺括、光滑、弹性好、分量重、起皱后能自动恢复。

家庭小贴士

目前市面上的衣服材质大致可分为棉、亚麻、羊毛、蚕丝、人造丝、尼龙、特多龙、压克力纤维、醋酸纤维、三醋酸纤维、弹性纤维、玻璃纤维、金属纤维、橡胶纤维以及各种混纺的纤维等。

（二）燃烧鉴别法

（1）植物纤维：灰烬呈粉状，无异味。

（2）动物纤维：灰烬成团，一捏就碎，有淡臭味。

（3）化学纤维：淡淡臭味，灰烬凝结成团、发硬，不易捻碎。

（三）混纺织物的鉴别

混纺织物是化学纤维与棉、毛、丝、麻等天然纤维混合纺织而成的纺织产品。

（1）棉混纺：与纯棉比，色泽亮，不宜打皱、变形，手感没纯棉柔软。

（2）丝型化纤：色泽不如真丝柔和，皱褶明显，价格便宜。

（3）毛涤：与纯毛比，手感发硬，不如纯毛光滑，弹性差。

第二节 衣物洗涤

衣物洗涤是家庭保洁的重要内容，家政服务员要掌握衣物的洗涤程序和方法，认识衣物洗涤标识和常用衣物洗涤剂，知道不同面料不同衣物的熨烫方法。

一、洗涤程序

有干洗标识的衣服要送到专业干洗店，水洗衣物的洗涤程序如下：

（一）洗涤前准备

（1）检查口袋。取出口袋中的物品，如硬币、首饰、票据等，并及时交给用户。

（2）取下不宜洗涤的附件。

（3）顽固污渍先做局部处理。

（4）绽开的缝线和衣物破损处先缝补。

（二）衣物分类

1. 按衣物质地分类

不同纤维质地的衣物洗涤方法与洗涤液的选择均不同，尤其是对酸或碱敏感的衣物。

2. 按颜色深浅分类

浅颜色的衣物与深颜色的衣物要分开洗涤，如牛仔裤易褪色，不能与浅颜色衣物放在一起洗。

3. 按用途分类

（1）内衣与外衣要分开洗，内衣一般用手洗。

（2）成人衣物与小孩衣物要分开。

（3）病人与健康人的衣物要分开。

（4）家政服务员与用户的衣物要分开。

4. 按照脏污程度分类

脏污严重的衣物与普通衣物要分开。如衣物上沾有泥浆、沙子等污物，要提前清除掉。如衣物上染有其他颜色，应及时向用户说明。

（三）选择洗涤方法与洗涤用品

1. 辨别洗涤标识

一般衣物上都有标签，大部分衣物都在标签上标明了洗涤方法与注意事项。家政服务员要熟悉常见的洗涤标识。

常见洗涤标识

洗涤标识	说明	洗涤标识	说明
	常温机洗，可以水洗。30度表示洗涤水温30℃		常温轻机洗
	只能手洗，不能机洗		不可用水洗涤
	干洗		缓和干洗 不可干洗
	不可拧干		不可翻转笼干燥
	不可氯漂白		可以氯漂白
	不可干洗		可使用滚筒式干洗机洗涤
	悬挂晾干		平铺晾干
	洗涤后滴干		洗涤后阴干
	蒸汽熨烫		不可熨烫
	低温熨烫		低温垫布熨烫

2. 选择洗涤方法

对于哪些衣物可以水洗，哪些衣物需要干洗，哪些衣物必须手洗，哪些衣物适宜机洗，衣物适用哪种类型的洗涤用品，如何操作不同类型的洗衣机等问题，家政服务员在首次服务时，都要虚心向用户请教，征询用户意见并确定洗涤方法，尤其是对一些特殊的衣物、鞋子等。要避免因洗涤不当给用户造成损失或出现服务纠纷。

3. 选择洗涤用品

不同面料衣物的特性不同，与不同的洗涤用品接触会产生不同的效果。常用的衣物洗涤剂的种类如下表所示。

常用衣物洗涤剂

洗涤用品	特点
肥皂	形态：呈碱性，固体，有块状和粉末状。 去污力：肥皂去污力强，泡沫少，易漂洗。 适用范围：适宜洗涤棉、麻及混纺服装、床上用品和毛巾。
洗衣粉	形态：有碱性、中性之分。呈粉末状。 去污力：泡沫丰富、去污均匀。 适用范围： 高泡洗衣粉：去污力强，适用于各种水质，特别适合手洗。 中泡洗衣粉：泡沫少，易漂洗，适合洗涤各种衣物。 加酶洗衣粉：除油渍、血渍、奶渍、汗渍等效果出众。 无磷洗衣粉：一种环保性洗涤剂，手洗、机洗均可。 含增白剂、荧光粉、漂白剂的洗衣粉：洗涤浅色衣物效果好，手洗机洗均可。
洗衣液	形态：分普通型和专用型，呈液态。 去污力：易溶解，其溶液不浑浊，不分层，无沉淀，手洗、机洗均可。 羊毛衫洗涤剂：适宜洗涤羊毛衫、毛料织物、丝织物，不能与洗衣粉、肥皂或其他洗涤剂混合使用。 衣领净：用于洗涤衣服的特殊部位，如衣领、袖口等。
柔顺剂	在最后一遍漂洗衣物时，倒入柔顺剂，可使衣物柔顺，防止产生静电和变形，衣物洗涤后手感舒适、蓬松，有光泽。

二、洗涤方法

洗涤方法要根据衣物的面料、质地和洗涤标识要求而定。一般分为干洗和湿洗。

（一）干洗

也称化学清洁法，指的是衣物通过机器的处理，经过清洗、烘干、熨烫、脱液、脱臭的过程。干洗的专业性比较强，需要专门的机器，因此要送到洗衣店处理。

家庭小贴士

洗衣之前，要细心检查一下衣服口袋中有无其他物品，不要将贵重物品水洗，避免造成损失。

（二）湿洗

湿洗即水洗，分为手工清洗和机器清洗。

1. 手工清洗

将待洗的衣物用温水（一般不超过40摄氏度）浸泡15分钟后，用洗衣皂涂擦脏处，上衣重点在衣领、袖管和前胸，内裤主要是裤腰和裤裆处，长裤的重点部位是裤腰、口袋、膝盖部和裤管下端。涂肥皂时只要稍有泡沫即可。若使用洗衣粉，要视衣物的多少取适量洗衣粉，加水使其溶解，再把浸湿后的衣物放到洗衣粉溶液里，洗完后绞干再用清水洗净，如果有汗渍可以试着撒些盐，轻轻揉搓，再用清水漂洗。

（1）搓洗

一种方法是双手抓住衣物，两手距离适当，上下来回摩擦，用力程度可视衣物质地的不同而有所区别，这是最常见的手洗方式；二是把衣物放在木制或塑料搓板上，用力上下摩擦，直至把污渍洗掉。

（2）刷洗

把衣物摊平，用棕毛或塑料刷子在污渍严重的部位来回刷洗，直至把污渍刷洗掉。一般对于比较脏的衬衣领子和牛仔服适宜选用这种刷洗方式。

（3）拎洗

取洗衣盆一个，放适量清水，加入适量丝毛净，把脏衣服放入水中浸湿，然后双手抓住衣物的两角或两边，把衣物从洗衣盆内拎起来再放进去，反复数次，最后换清水，用同样的动作把洗涤剂冲洗干净。这种方法适宜娇贵的丝绸衣物。

（4）揉洗

就像揉面团一样，把衣物放入稀释后的洗涤液中，双手抓捏衣物数次，直至把污渍洗掉，然后换清水揉洗。此方法一般适宜洗涤羊毛衫、围巾等纯毛制品。

2. 机洗

家用洗衣机可分两大类：一类是半自动洗衣机，另一类是全自动洗衣机（使用方法请参照第五章第二节洗衣机的使用部分）。

（1）洗涤剂的选择

如果选择机洗，最好选择低泡洗衣粉或洗衣液。

（2）温度的选择

温度过高会减少泡沫，降低去污能力，因此一般用50摄氏度以下的温水洗涤。

（3）洗涤方法

洗涤前先按照衣物新旧程度和织物易褪色程度分开洗。一般是先浅色衣物后深色衣物；先洗新衣物后洗旧衣物；先洗色泽牢固度强的衣物再洗牢固度差的衣物。将分类好的衣物浸泡15分钟，对衣服上较脏的部位，经清水浸泡后擦上肥皂搓洗，然后投入洗衣机中用洗涤液或洗衣粉洗涤。每次洗衣量以干衣1.5~2公斤为宜，吸水强的衣物要适当减少洗衣量。衣物按大小件分开，可以把衣物洗的更干净。洗衣时要根据衣物颜色遵循先浅后深原则，浸泡、洗涤、漂洗均应如此，避免衣物之间互相串色。同时还要根据衣物的脏污程度来选择洗涤时间，以节省用水和用电。在洗涤上衣和裤子时，应该把衣物翻过来并把扣子扣好，拉链拉好，掏空衣袋内的物品，尤其是钥匙、硬币一类的硬物。

（三）常见质地衣物的洗涤方法

1. 棉织物洗涤方法

可用各种洗涤剂手洗或机洗，但因棉纤维弹性较差，不要大力搓洗，以免衣物变形。

（1）洗涤温度不宜过高，30摄氏度比较适宜。

（2）白色衣物可用漂白水等碱性较强的洗涤剂洗涤，能起漂白作用。其他颜色的衣物最好用冷水洗涤，不可用含有漂白成分的洗涤剂或洗衣粉进行洗涤，以免造成脱色，更不可将洗衣粉直接倒落在棉织品上，以免局部脱色。

（3）浅色、白色衣物可浸泡1~2小时后再洗涤，去污效果更好。深色衣物不要浸泡时间过长，以免褪色。

（4）衣服洗好挤水时，应先叠起来，用手大把挤掉水分或是用毛巾包卷起来挤水，切不可用力拧绞，以免衣服走形。

2. 毛料衣物洗涤方法

纯毛衣物的面料一般是羊毛纤维，具有缩水性、可塑性，洗涤时要特别注意。

洗涤温度不宜超过40摄氏度，否则容易缩水、变形。

选择合适的洗涤剂。羊毛耐酸不耐碱，所以一般选择中性或弱酸性洗涤剂，不能选用肥皂或洗衣粉。

洗涤时间不宜过长，一般控制在3~5分钟，以免变形。

脱水时间不宜过长，以一分钟为宜，而且要用干布包好才能进行脱水，绝对不允许拧绞，以免缩绒。

晾晒方法必须得当。要在阴凉通风处晾晒，只可半悬挂，以免衣物变形。不可在强烈日光下暴晒，以免纺织物失去光泽和弹性。

高档全毛料或毛与其他纤维混纺的衣物建议干洗，夹克及西装类衣服须干洗。

家庭小贴士

洗易褪色的衣服时，可先将衣服放在盐水中泡30分钟，然后用清水洗净，再按一般的方法洗涤，就可以防止衣服褪色。

3. 丝织品的洗涤方法

一般选择干洗，或凉水手洗。洗涤水温不要超过40摄氏度，用丝毛净这样的中性洗涤剂清洗。洗涤动作要轻，禁止用搓衣板，切忌拧绞。

忌太阳直晒，应在阴凉通风处晾干。

4. 麻类衣物洗涤方法

洗涤水温不要超过 40 摄氏度。

选择合适的洗涤用品，采用轻揉的洗涤方式，忌在搓板上揉搓，也不能用硬毛刷刷洗。漂洗时先用温水漂洗两次，再用冷水漂洗一次（漂洗时不能拧绞），然后甩干并及时晾晒。

5. 人造纤维类衣物洗涤方法

洗涤水温不宜过高，以 30~40 摄氏度为宜。动作要轻柔。

6. 羽绒服的洗涤方法

不太脏的羽绒服用酒精或汽油清洗，再挥发干净即可。比较脏的用水洗（忌揉搓）。先放入冷水中浸泡 15 分钟，然后取出，平压去水。用两匙中性洗衣粉在 30 摄氏度的水中搅拌再把衣物放入浸泡 10 分钟。用软毛刷轻刷，先里后外，再洗袖子的正反面，洗干净拎涮几次，再放入温水中漂洗三次即可。

现在有些全自动洗衣机有洗涤羽绒服的功能，市面上也有羽绒专用洗涤剂。只需选择洗衣机的相应程序，使用专用洗涤剂即可用洗衣机清洗羽绒服。

第三节　衣物晾晒与收藏

妥当的晾晒与收藏，可保持衣物良好的使用状态，延长衣物使用寿命。

一、衣物晾晒

衣物晾晒时不要拧得太干，稍带水晾，并将衣服的衣襟、领、袖等处拉平，这样能保持衣物平整，不起皱褶。一般的衣物最好不要在阳光下暴晒，应在阴凉通风处晾至半干，再放在较弱的太阳光下晒干，以保护衣物的色泽和穿着寿命。

（一）不同面料衣物的晾晒

1. 棉类衣物

衣物脱水或挤干后应马上晾晒，逐件整理平整后再挂上衣架，晾晒时间不宜过久。深色衣物最好反面朝外且放在通风阴凉处阴干，以免褪色。

2. 麻类衣物

麻类衣物被水一浸会黏成一团，所以应将衣物扯平，细心整理领口、袖口后再晾晒，避免衣物有太多褶皱。一般都可放在通风阴凉处自然晾干，不宜在日光下晾晒。

3. 毛料衣物

（1）洗净的毛料衣物可用干毛巾覆盖，再一起卷起来，用毛巾吸干其多余水分。

（2）放在阴凉通风处平摊阴干或折半悬挂自然晾干，并且要反面朝外。不宜放在阳光下晾晒，以免影响其外观和穿着寿命。

（3）为防止羊毛衫、毛衣等针织面料衣物变形，可在洗涤后把它们装入网兜，挂在通风处晾干；或者在晾晒时用两个衣架悬挂起来，以避免过度拉伸而变形；也可以用竹竿或塑料管串起来，平铺在上面晾晒；有条件的话，可以平铺在其他物件上晾晒。要避免阳光照射或烘烤。

4. 丝绸衣物

（1）洗好后用毛巾包住衣物挤出水分，放在阴凉通风处自然晾干。

（2）最好反面朝外，不宜在阳光下晾晒，否则会使衣物褪色、纤维强度下降。严禁烘干。

5. 化纤衣物

要放在阴凉通风处晾干，不可照射阳光，否则衣物面料会变色发黄、纤维老化，影响寿命。不宜烘干，以免因热生皱。

6. 羽绒类衣物

可悬挂起来自然脱水晾干，也可平铺在桌面上用干毛巾吸去水分然后晾干，要避免阳光暴晒。

（二）不同种类衣物的晾晒

1. 上衣

用衣架挂起来或直接搭在横竿上晾晒均可。晾晒丝毛上衣时，要选择与衣物肩宽相匹配的衣架，同时要把衣服前后对齐。针织衫适宜平摊在桌面上晾晒，以防止其拉伸变形。

2. 裤子、裙子

晾晒丝、毛裙子或裤子时，最好钩着裙子或裤子左右内侧的挂带晾晒，这样衣物不易变形。如果裙子或裤子没有缝制专门的挂带，最好用带夹子的衣架夹着裙子或裤子的腰际晾晒。也可以把裤子对折挂在衣架的横竿上晾晒。

3. 内衣、袜子

可在阳光下直接晾晒，利用紫外线杀菌消毒。

4. 围巾、丝巾

晾晒时，把围巾抚平，折叠整齐，挂在衣架或横竿上晾晒。也可用夹子夹着丝巾的一角晾晒。

5. 床单、被套

一般为棉麻类，可直接在阳光下晾晒，但印花床单、被套最好翻面晾晒，以防止褪色。

二、衣物收藏

（一）衣物收藏前准备

为了保证衣物不变形、使用和穿着效果不受影响，收藏时必须做到以下几点：

（1）更换下来的衣物一定要洗涤干净后再收藏。

（2）潮湿衣物要晾干后再收藏。

（3）熨烫完的衣物一定要挂在通风处晾晒一会儿，水汽蒸发掉后再收藏。

（二）衣物折叠摆放的原则

（1）立体剪裁的衣服适合挂放，平面剪裁的可以折叠。

（2）内衣与外套要分开；家居服与外出服装要分开。

（3）过季不穿的衣物放在高处或不易拿取的地方，应季穿用的衣物放在低处或便于拿取的地方。

家庭小贴士

衣物不宜长期越季收藏，特别是在我国南方家庭，衣物在收藏期间要经常置于通风处晾晒，同时检查有无受潮、发霉、虫蛀、污染等现象。衣物存放期间每1~2个月检查一次。

（三）折叠衣物

1.折叠衬衫（T恤衫）、秋衣裤

系上纽扣—前身朝下后背朝上抚平对正—以纽扣为中心，等距离将衣身两边向中间对折抚平—袖子折进两侧向下转—下摆向上折—翻过来使衬衣正面朝上—整理抚平。

2.折叠西裤

拉好拉链、扣上扣子—从裤脚处将四条裤缝对齐—用手抚平—从裤脚至裤腰对折、再对折。

3. 折叠羽绒服

拉好拉链、扣上扣子—平摊、抚平—左右衣袖平行交叠在胸前—从下方将衣身向上折叠至所需大小—双手慢慢挤压出羽绒服内的空气。

4. 折叠棉被、毛毯

将棉被、毛毯沿长边上下对折 3 次，然后从一端卷向另一端。卷时要用力，避免松散。这种折叠法占用空间小。

（四）收藏摆放

不同衣物的收藏与摆放方法如下表所示。

衣物的收藏与摆放

类别	摆放方法	说明
棉类衣物	1. 洗净叠放平整，深浅分开 2. 最好用塑料袋包装好再分开收藏 3. 收藏棉质内衣裤时，可将其卷成一小长条，再置于收藏内衣裤的抽屉中。收藏内衣裤的抽屉内可摆放一瓶高级香水，并用纱布包裹好。	棉质衣物由天然植物纤维织成，特点是吸湿性强怕酸耐碱，在收藏前一定要洗净晾干，在衣柜中放置樟脑丸。在梅雨季节，应趁晴天翻晒几次。
麻类衣物	1. 麻类衣物收藏时可以折叠存放，但一定要折叠平整，不宜重压，久压易产生死折痕，折痕要有规则。 2. 对于亚麻西装等外衣，应该用衣架挂在衣柜里，以保持服装的挺括。	若长期存放麻类衣物，衣物和衣柜都要保持干燥、清洁，防止吸湿性强的麻类衣物受潮霉变。樟脑丸应用白纸包好，刺些小孔，不要与衣物直接接触。
纯毛面料衣物	1. 纯毛面料衣物不宜用衣架挂放，要反面朝外，整平叠好后用布包裹放在衣柜的上层。 2. 白色纯毛面料衣物在日光照射下会发黄，洗后可置于冰箱冷冻，一小时后再取出晾干，收藏时可先套上透明塑料袋，外面再套上深色衣袋隔光保存。	纯毛面料衣物容易被蛀虫侵害，可将洗净的纯毛面料衣物放入微波炉内，开启几分钟，便可灭除全部霉菌，使衣物不易生霉和被虫蛀。 平时要勤洗、勤晒，经常掸拍衣物。

丝绸衣物	1.最好放在箱柜上层，以免压皱，衣箱上应垫衬布，以防潮湿。 2.若一定要用衣架挂放，最好使用塑料衣架，如用竹木类衣架，要在接触衣服的横杠上垫一层白布或白纸。 3.有颜色的丝绸织物（特别是色彩鲜艳的），不宜和白色丝绸织物存放在一起，柞蚕丝绸织物也不要和桑蚕丝绸织物存放在一起，以免串色。	保持衣柜干净、通风，衣物保存前熨烫一遍，放好防虫剂。不能放入塑料包装中。
皮革衣物	1.皮革衣物必须用形状适合款式设计的大衣架挂起，放在空气流通的衣柜内，千万不要套上塑料袋。 2.皮革衣物表面有刮痕时，可用棉花沾少许与皮衣颜色相同的鞋油涂擦，再用棉质软布擦亮。如有撕裂或破损处，应及时修补。	穿皮革衣物时，切忌在肩上背挂提包、手袋，这样会摩擦掉皮革衣物上的细毛，造成外观缺陷。穿着时还要避免接触油污、酸性和碱性物质。

三、衣物的熨烫

（一）衣物熨烫工具

衣物的熨烫即用加热熨斗将衣物烫平。一般多用电加热和蒸汽加热熨斗，又称电熨斗和蒸汽熨斗。

（二）不同面料的熨烫方法

1.棉、麻类衣物的熨烫

蒸汽熨斗可直接放在衣物上熨烫，普通熨斗可在半干状态下熨烫或在干燥衣物上喷水熨烫。

2.毛织品的熨烫

为防止毛织品产生光亮现象，熨烫时应掌握好温度，并在衣物上覆盖薄的白色棉湿布再熨烫。此类衣物具有弹性，故要顺着衣纹熨烫，防止变形。

3.丝绸织物的熨烫

这类衣物在晾至八成干时熨烫效果最好，应在反面熨烫，不要喷水，以免变形或出现水渍。

4. 化纤衣物的熨烫

此类衣物在高温下易变形发光，因此要先在衣物上喷水并垫上湿布熨烫，熨斗不宜在某部位停留过久，以防粘着衣物。

（三）不同衣物的熨烫方法

熨衣物前首先要查看衣物标签，确定衣物能否熨烫以及熨烫温度和要求。将熨斗调至合适温度，待温度指示灯熄灭，视衣物面料的需要打开蒸汽，然后开始熨衣。

家庭小贴士

衣服熨好后，不要马上放到衣柜里，应先放在通风处使残留蒸汽晾干。

1. 衬衫

先熨衣袖、衣领、垫肩，后熨前襟和后背，从上到下熨烫。

2. 西裤

先里后外，先熨裤子中间的线，要压成笔直，再熨裤面，使裤面平整。

3. 西装外套

先里后外，先熨领后再熨领前，然后是肩膊及袖位，使胸领对称，衣身平整，袖线烫直。

第（四）节　皮革类衣物的保养

皮革类衣物漂亮耐穿，但不能水洗，尤其是真皮衣物，一般价格较高，要小心清洗和护理。

一、皮革类衣物的洗涤方法

（1）真皮衣物表面尽量少沾水。用洗涤剂处理时要先在衣物内侧

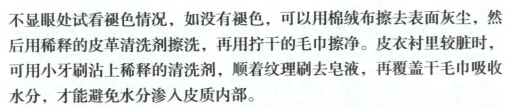

不显眼处试看褪色情况，如没有褪色，可以用棉绒布擦去表面灰尘，然后用稀释的皮革清洗剂擦洗，再用拧干的毛巾擦净。皮衣衬里较脏时，可用小牙刷沾上稀释的清洗剂，顺着纹理刷去皂液，再覆盖干毛巾吸收水分，才能避免水分渗入皮质内部。

（2）清洗人造皮衣，可用温水浸湿衣服，然后将衣服在皮革专用洗剂溶液中泡一会，挤出脏水。先擦净衬里，再用纱布沾洗剂溶液拭擦衣服表面，然后用温水冲净。如果人造皮衣不是太脏，用湿布擦洗或用擦铅笔字的橡皮直接擦拭即可。

二、皮革类衣物的晾晒

清洗过后或被雨淋湿的皮衣，不能直接暴露于阳光下，而应用毛巾将水分吸干，再于水渍处均匀地涂上甘油或凡士林，挂在衣架上，置于温暖的室内待其慢慢晾干。皮衣衬里清洁后，应把衬里翻出，挂于阴凉处晾干。

家庭小贴士

皮衣不能在阳光下晾晒，应把衬里翻出，挂在阴凉通风处晾干。

三、皮革类衣物的熨烫

皮革类衣物必须以较低的温度熨烫，温度需掌握在 60~70 摄氏度之间，可用薄棉布作熨垫，同时不停地移动熨斗，使皮革衣物表面平整光亮。

四、皮革类衣物的保养

（1）皮革衣物的保养以防潮为主。若衣物受潮发霉，可用天鹅绒或灯芯绒擦去霉斑，然后再用皮革去污剂清洁。或用干布擦一遍皮面，涂上一层凡士林，15 分钟后用干布擦去，霉点便会消失。

（2）用毛巾沾用水稀释后的蛋白轻拭，可令皮革衣物恢复光泽。

（3）皮革衣物表面若有刮痕，可用棉花沾少许与其颜色相同的鞋油涂擦，再用棉质软布擦亮。如有撕裂或破损，应及时进行修补。

第五节 鞋帽的保养

一、皮鞋

（一）日常保养

（1）做好鞋面和鞋底的清洁去污工作，不同皮质的鞋子要区别对待。皮鞋一般不能用水洗，可用湿布擦去鞋面的污迹。皮鞋泥污较多时，可用湿布擦去泥污，稍晾一下，再擦上鞋油。

（2）做好鞋内防霉、防潮处理。若皮鞋上出现霉点，可以用软布蘸酒精加同量水稀释后的溶液擦拭，然后放在通风处晾干。

（3）上鞋油。擦上与皮鞋颜色一致的鞋油，在打完鞋油后，涂抹上一层膏状的打蜡油，洒上一些水，用软布反复擦拭，直至发光发亮。或者在鞋油中滴些食用油或醋，打完鞋油后，用干软布或丝袜擦亮，效果也很好。

（4）皮鞋怕潮怕湿，所以要避免弄湿皮鞋。如果皮鞋内进水，应尽快脱下来晾干并擦上鞋油，以免皮质软化而走样变形。

（5）远离火炉等热源。

（6）避免尖利物品刮破皮鞋鞋面。

（7）经常给皮鞋擦鞋油，但每次不宜擦太多。

（二）定期保养

每周至少上一次鞋油。先将鞋面污垢用软布拭去，再用布蘸满鞋油

均匀地涂抹于鞋上，切忌上太多的油，以免造成皮面断裂。上油后用布或刷子多次来回擦拭，能使皮鞋光亮如新。

（1）浅色皮鞋保养：先将柠檬汁涂在鞋面上再擦鞋油，就能光亮如新。也可用尼龙袜套在鞋刷上，蘸些鞋油擦皮鞋，也能使鞋光亮。

（2）新皮鞋的保养：取一块生鸡油，将皮鞋擦一遍，晾干后再用干净的布擦一擦，刷上鞋油，能使皮鞋不怕雨淋和水溅湿。

（3）陈旧皮鞋的保养：用棉纱蘸上洁净的汽油，轻轻在鞋面上擦拭一遍，重点部位多擦几下。然后立即上一遍鞋油，再用擦鞋布来回擦拭，就能净亮如新。

（4）漆皮鞋的保养：先用拧干的海绵擦去表面污垢，再用干布擦去水分，然后用绒布蘸牛奶擦拭（可用过期牛奶）或使用无色鞋油打理。

（5）纯白皮鞋的保养：擦鞋时，在鞋边上擦一层透明指甲油，可去除不小心附着在鞋边上的白鞋油，同时能防止污垢污染。

（6）磨砂皮鞋的保养：磨砂皮鞋不能沾油和清洁剂。鞋上的灰尘、泥土可用软质毛刷刷净。若需清洗，可用清水把鞋沾湿，但不能过多浸水，然后涂上牙膏轻刷，刷后稍微用水冲洗，干后再用干净的鞋刷刷一下即可。鞋湿时不能刷鞋，以免留下痕迹，也不能在阳光下晾晒。鞋上如有油污，可用毛刷蘸上汽油，均匀地轻轻弹在鞋的油渍处，干后待其自然挥发。

（三）长期保养

在长时间不穿的皮鞋表面涂上一层植物或动物油，撑上鞋撑或在鞋里填充旧报纸，再用旧丝袜套起来收藏。不宜涂上鞋油存放，因为鞋油只适于擦天天穿的皮鞋，用来保存皮鞋则会使鞋面干燥出现裂口。在鞋盒内放一些防潮剂，鞋盒应放置在远离暖气和灯光的阴凉处，并确保不会受到物品挤压。

二、旅游鞋

（一）日常清洁

皮革材质的旅游鞋参照皮鞋的处理方法。其他的旅游鞋可先用溶剂汽油将油污去掉，在清水中浸泡3~5分钟，再用30摄氏度的温水将洗衣粉冲开，把浸泡后的鞋在洗衣粉溶液中用刷子反复刷洗，直到干净为止，再用清水漂洗数次（白鞋可在最后一次漂洗时加少量醋，可防止鞋晾干后发黄），最后用干毛巾擦干，放在通风处晾干。刷洗时，应抽出鞋带，以便于彻底清洁。

（二）保养

旅游鞋不穿时要放在通风处，及时除潮去除脚臭味，避免日晒。长期不穿时，应用纸包好，注意防潮防虫，避免受压受热。

三、运动鞋

（一）日常清洁

运动鞋以帆布面的居多，可用肥皂或洗衣粉洗刷，洗刷干净后放在清水中浸泡1~2小时左右再漂洗，排掉鞋中的脏水，然后放在通风处晾干。白色运动鞋洗刷干净后，除放在清水中浸泡1~2小时使鞋中的脏水排掉外，还要用干毛巾将鞋面擦干使表面无水分，然后在鞋面上涂一层湿的白鞋粉，比较脏的地方可稍微涂厚一些。将涂好白鞋粉的运动鞋放在室外晾干，而后用刷子轻轻把浮在鞋上的白粉刷掉即可穿用。如果没有白鞋粉，可用白粉笔代替。用上述方法处理后的白色运动鞋不会产生黄色痕迹。白色或浅色运动鞋晾干时，鞋帮和鞋底胶边连接处容易发黄，可在晾晒前用白色普通卫生纸贴在鞋面上，干后揭去，这样就不会泛黄了。

家庭小贴士

浅色运动鞋在晾干时，鞋帮和鞋底胶边连接处容易发黄，可在晾晒前用白色普通卫生纸贴在鞋面上，干后揭去，就不会泛黄了。

（二）保养

运动鞋多为橡胶鞋底，应避免接触油类。也不宜用肥皂刷洗橡胶底，以免橡胶老化。若使用肥皂，应及时把肥皂沫冲洗干净。穿着运动鞋时不要被锋利的东西划坏。不穿时要放在通风处，避免日晒。长期不穿时应用纸包好，注意防潮防虫，避免受压受热。

四、帽

（一）日常清洁

1. 一般帽子的清洁

（1）取下帽子上的装饰物。

（2）先用清水加中性洗洁剂稍微浸泡。

（3）用软性刷子轻轻刷洗。

（4）内圈汗带部分（与头圈接触部分）多刷洗几次，以彻底洗净汗垢、去除细菌。如果是抗菌防臭材质，则可免除这一步。

（5）将帽子折合成四瓣，轻轻甩掉水分，不可用洗衣机脱水。

（6）将帽子摊开，里面塞上旧毛巾，平放阴干，切不可吊挂晾干。

家庭小贴士

　　帽子收藏之前要刷去灰尘，洗去污垢，在太阳下面晒一会儿，再用纸包好，放在帽盒里，存放于通风、干燥的地方，同时在储存盒内放置干燥剂，以防潮湿。

2. 特殊帽子的清洁

（1）皮帽可用葱头切片擦净，也可用布蘸取汽油擦拭。

（2）细毡帽上的污迹可用氨水和等量酒精的混合溶液擦洗。先用一块绸布蘸取这种混合液，然后再轻轻擦洗。不能把帽子弄得太湿，否则容易变形。

（3）针织帽洗后最好在帽子里塞满揉皱的纸或布团，然后晾干。

（4）羊毛帽子不要水洗，因为羊毛会缩水。羊毛帽子如果沾到灰尘或者宠物毛等，可用宽面胶带反折套在手指上粘掉。毛料帽子不需要经常清洗，否则容易减短使用寿命，若已脏污到非洗不可的程度，用干洗是最恰当的方式。

（二）保养

（1）帽子脱下后不要随便乱放，应挂在衣帽架或者衣钩上，上面不要压重物，以免变形。

（2）帽子戴久了，帽子的里外会粘上油垢、污物，要及时洗刷掉。帽衬可以拆下洗净，再绷上，以免帽衬上的汗污发霉，影响帽子寿命。帽子上的灰要经常刷。粘附在帽面上的污泥、油垢，可用软刷蘸上热肥皂水轻轻刷洗，再用清水洗净。在洗刷帽子时，可找一个和帽子同样大小的圆罐或瓷盆，把帽子戴在上面再进行洗刷，以免走样。帽子是立体形状的，所以最忌讳用洗衣机机洗。

● 服务案例

认清标识 细心熨衣

家政服务员小雨到用户家工作，在烫衣服时都会仔细辨别衣物材质，认真看衣服上的洗涤标识，然后确定熨衣方法和温度。不管家务多忙，她总是这么仔细。工作一年来，用户的衣服总是被她烫得整整齐齐，从未出过问题。

一天女主人跟小雨聊起家常，她说："你比上一个阿姨仔细多了，那个阿姨有一次给我先生熨裤子，几千块的裤子被她烫一个大洞，我可心疼了。"

小雨微笑着点头说："熨衣服靠的是仔细，千万马虎不得。"

博士点评

在熨烫衣物时，要先认清衣物的材质特性，有些化学纤维忌高温，有些则不怕；有些天然纤维，像丝、毛就不适合高温，而棉、麻类就不怕了。一定要根据不同面料的要求来选择熨烫方法和设定熨烫温度，不然就很可能损坏衣服。

家庭博士答疑

博士，袜子的洗涤同衣服的洗涤是不是一样的步骤和要求呢？

当然不是了。袜子分丝袜、尼龙袜、羊毛袜和棉袜。

洗涤丝袜和尼龙袜时，先用30摄氏度以下的肥皂水将袜子浸泡一会儿，然后用手轻轻搓洗。用毛巾将水分吸掉再晾干，切记不可日晒，否则穿着效果会大打折扣。而且在晾晒时，千万不要晒在竹竿或其他不平滑的架子上，容易勾丝。若用洗衣机清洗，要先将丝袜放入洗衣网内。

清洗羊毛袜时，先将肥皂切成皂片，放入热水中，水降温后，再将袜子放入，然后搓洗干净，最后晾在通风处。

普通棉袜要勤洗勤换，换下后即放在清水中浸泡2小时左右，然后再擦上肥皂用热水揉洗，这样污垢容易脱落。

练习与提高

1. 纺织品可以分哪几类？
2. 不同质地衣物的洗涤方法是怎样的？
3. 不同面料的衣物如何收藏？
4. 怎样做好皮鞋的日常保养？
5. 怎样做可以使白色运动鞋洗净晾干后不泛黄？
6. 帽子要怎样清洁？

第五章 居室家电使用与清洁

夏天还没到天就这么热了，帮我把空调打开吧。

空调第一次使用前要先清洗。

学习目标

本章应掌握的知识要点：

电视机、洗衣机、空调、电脑、

吸尘器等家用电器的清洁与保养

基本要领

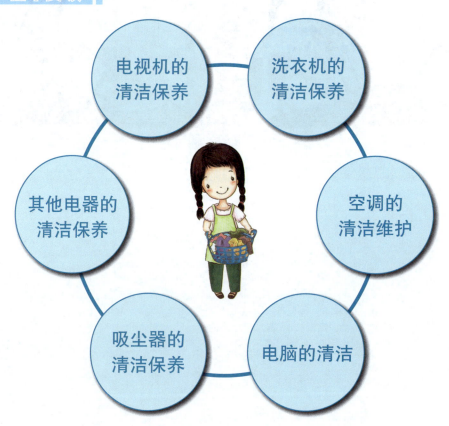

电视机的
清洁保养

洗衣机的
清洁保养

空调的
清洁维护

电脑的清洁

吸尘器的
清洁保养

其他电器的
清洁保养

第一节 电视机的清洁与保养

一、电视机的清洁

（1）清洁电视机的外壳时，先将电源插头拔下，切断电源。

（2）电视机的屏幕极易招灰，应经常清洁。用专用清洁剂和干净的柔软布团擦拭，可清除屏幕上的手指印。

（3）污渍及污垢可用棉球蘸取磁头清洗液擦拭，最后一定要擦干。

（4）液晶屏幕要用专用的清洁剂擦拭，否则容易留下痕迹。

（5）外壳用柔软的布擦拭，切勿用汽油或化学试剂清洁机壳。

 家庭小贴士

使用液晶电视的时候，不要用手触摸液晶屏幕或者用笔等硬物敲打液晶表面，那样很容易造成坏点。

二、电视机的保养

做好电视机的保养主要是防潮。电视机在阴雨季节因受潮而无法正常工作时，可用电吹风驱潮。将家用吹风机对准电视机背面的通风百叶格，上下左右移动吹风五分钟左右，电视机零件表面的潮气和灰尘即可散去。

第二节 洗衣机的清洁与保养

洗衣机按其结构和工作方式，可分为波轮式、滚筒式、搅拌式、振动式等；按其自动化程度，可分为半自动和全自动两大类。目前使用广泛的是全自动波轮式洗衣机和全自动滚筒式洗衣机。

一、洗衣机的使用

洗衣机的机型多种多样，家政服务员在初次使用前应仔细阅读说明书或向用户请教。

全自动滚筒式洗衣机的一般操作程序为：

1. 衣物分类

确认衣物能用洗衣机水洗，可甩干。

2. 选择洗涤剂

洗衣粉：按照衣物重量取适量洗衣粉，一般不选用高泡洗衣粉，最好先用30摄氏度的温水融化，然后倒入洗衣机放置洗涤剂的注入口。

漂白剂：将漂白剂用容器稀释后，慢慢倒入液体洗涤剂注入口。

液体洗涤剂：将液体洗涤剂倒入洗涤剂注入口。

3. 投放洗涤物

一次洗涤以放入适量洗涤物、洗涤过程中洗涤物能正常翻转为宜。

4. 选择洗衣机的洗涤程序

现以某品牌的洗衣机为例，说明程序选择的内容。

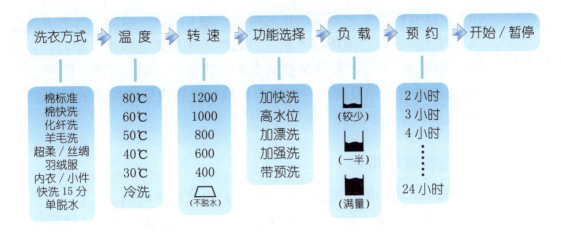

比如选择"棉标准",就是洗涤棉质衣物的标准程序,此时水温只能选择"冷洗"、"30℃"或"40℃",因为洗涤棉质衣物不能用热水。接下来可以选择转速这一档,从不脱水到1200转都可以,可视需要而定。功能选择是洗涤衣物时的特殊要求,比如"加快洗"指的是在标准程序的基础上加快速度,可以缩短洗衣时间;"加漂洗"指的是在标准程序之外增加一次漂洗,可以将衣物漂洗得更干净。"负载"项指的是洗衣量,量少时可选"□",可省水、省电、省时间。这些选项全部确定后,洗衣机会给出洗衣所需时间。接下来可以用预约功能设定2~24小时后开始洗衣或者直接按"开始"键开始洗衣。

5.洗衣结束

洗衣结束后,洗衣机蜂鸣报警,然后自动断电。

除第四步会因洗衣机机型和设计的不同有些差异外,其他步骤适用于各种洗衣机。

二、洗衣机的清洁

洗衣机的内部看似非常洁净,其实其内筒和外套筒之间的夹层极易附着污垢,洗衣时会污染衣物,给家庭成员带来伤害。因此洗衣机必须经常清洗,其清洗方法如下:

(1)将洗衣机清洁剂直接倒入洗衣机筒内。

(2)关上洗衣机侧门,选择主洗程序,污染严重时可使用40摄氏度温水。

（3）按洗衣机日常洗涤标准模式清洗一遍（洗涤—漂洗—脱水）。

（4）对于污垢较严重的洗衣机，可选择关闭电源，浸泡1小时。

（5）清洗后，如有污垢残留在洗衣机内筒壁上，用毛巾擦去即可。

一般洗衣机每两个月清洗一次洗衣机槽。洗衣机使用频繁的季节，污垢会加速累积，可多清洗一次。

三、洗衣机的保养

（1）洗衣机筒内的过滤器应经常清洗，以使排水通畅。

（2）洗涤结束后，将水排净，把洗衣机内外用软布擦干，洗完后不要马上盖上盖子。

（3）要防止水溅落在控制板上，以免水分渗入电器内部。

（4）使用完毕，要及时切断电源。

第三节 空调的清洁与维护

一、空调的清洁

空调分室内机和室外机。需要清洁保养的部分，一般是散热片、过滤网、机体外壳和裸露部分。

空调运行一段时间以后，散热片就会积上一层厚厚的尘埃，会堵塞散热片之间的微小空隙，严重影响空调的功能与使用寿命。因此需要定期清洗空调。

家庭小贴士

清洗空调时首先拔掉电源，使用空调时要关闭窗户。

清洁空调时，过滤网是最关键部位。清洁过滤网的具体方法如下：

（1）把空调室内机的机盖打开，取出过滤网。

（2）用干净的刷子刷一刷过滤网，把吸附在过滤网上的绝大部分灰尘脏物刷干净，然后把过滤网放在空调机清洗溶液或洗洁精和肥皂粉的混合液中浸泡10~20分钟。

（3）浸泡后，用平刷轻刷过滤网，让每个滤孔都干净清透，无脏堵痕迹，再用干净抹布擦干，检查完好无损后，把过滤网安装到空调上，看其运行是否正常。

对于空调机体外壳和空调裸露部分，只要在清水中加少许肥皂粉和洗洁精溶液或专用空调清洗液，用抹布擦洗干净即可。

空调机每年最好清洗2~3次。通常空调开机前清洗一次，空调使用的中间时段清洗一次，空调关机时清洗一次。

二、空调的维护

良好的维护有利于提高空调的制冷效果，缩短降温时间，有利于空调节能、延长空调机使用寿命。

（一）停机一段时间后的维护

空调开机前一定要检查一下设备是否存在问题，并且做好清洗工作。由于很久没有使用，所以需要全面清洗，包含室外机和室内机的外壳、机体、过滤网。如果存在问题则请专业维修人员修理。

（二）经常使用状态下的维护

若空调机比较新，空气中灰尘少，空调使用合理，可以适当延长维护周期，一般2~3个月维护1次。若使用环境灰尘多，天气炎热，空调机陈旧，空调开机时间长，空调使用过程中的维护次数就要增多，通常一个半月左右维护一次。

（三）停止使用后的维护

一般夏季结束空调停止使用后，要对室外机、室内机做一次全面仔细的检查。做好维护、清洗工作后，套好空调机机罩，以防止灰尘污染，防止空调滴水与进水。

第四节 家用电脑的清洁

　　家用电脑分笔记本电脑和台式电脑。清洁笔记本电脑时，用专用清洁布蘸取适量专用清洁剂，轻轻擦拭。台式电脑应在断电情况下，定期用半湿抹布擦拭键盘、鼠标、主机和显示器外壳，用专用的屏幕擦拭布擦拭显示器屏幕。

　　家用台式电脑各部件的清洁方法如下：

　　（1）显示器不要直接用酒精或者湿布擦，因为它的表面有防紫外线涂层，很容易被腐蚀和破坏。清洁显示器最好用纯棉的软布和专用清洁剂。

　　（2）清洗电脑键盘时，应先断电，然后用专用电脑清洁布擦拭键盘表面，如需深度清洁，要请专业人员进行。

　　（3）机械鼠标在使用一段时间后会出现方向键不灵活的现象，那是因为在滚轮上缠绕了许多杂质。旋开鼠标后盖用小螺丝刀把杂质去除即可，但注意不要让脏东西掉入鼠标内部。

　　（4）保持主机表面清洁，不要有尘土。

　　（5）每天用半干的抹布擦拭音响各个表面，防止灰尘堆积、落入音箱内部。不要在音箱上放置物品。

第五节 吸尘器的清洁与保养

一、吸尘器的清洁

（1）用抹布擦净吸尘器及其附件的表面，然后晾干。

（2）卸下集尘袋，清理里面的灰尘，用另一个吸尘器将尘袋吸干净，用抹布将内筒擦拭干净再将尘袋套回去，干燥后备用。

（3）将遗留在吸尘毛刷上的杂物清除干净，检查毛刷磨损情况，如有磨损、掉毛严重的现象，应更换。

不要用吸尘器吸水和用水冲洗尘袋，以免堵塞尘袋网眼，烧坏主机。

二、吸尘器的保养

检查吸尘器的轮子是否积聚尘物，并经常清理、加油。吸尘器每天使用完毕以后，必须清理尘袋，擦净机身，分拆摆放。将吸尘器存放在干燥的地方，潮湿的环境会影响其使用寿命。

 家庭小贴士

发现地面上有坚硬的物品要捡起，以免损坏内部机件和造成吸管堵塞，特别是牙签、铁钉、玻璃和瓶盖类的物品。

第六节　其他电器的清洁

一、电冰箱的清洁

电冰箱一般有两个温控区，一是冷藏区，温度为 2~8 摄氏度，可调；二是冷冻区，温度在零下 20 摄氏度左右。较新型的电冰箱在两个温控区之间增加了一个保鲜区，温度在 0 摄氏度左右。

家庭小贴士

　　触摸使用中冰箱的金属部件时，若有麻电感觉，应停止使用，停电期间要尽量少开箱门。

电冰箱的清洁步骤如下：

（1）拔下插头、切断电源。

（2）用软布蘸温水或中性洗涤剂擦洗冰箱内外及门封磁条，然后再用清水擦净。

（3）拆下冰箱内部的搁架及抽屉，直接用水冲洗。

（4）用毛刷除去冰箱背面机械部分的灰尘。

（5）打开冷冻室门，把物品取出，利用环境温度或直接用霜铲除霜。

（6）待清洁干净的冰箱完全干燥后再放入食品，然后接通电源正常启动，检查温度控制器的温度设定是否合适。

（7）电冰箱长期不用时，要拔掉电源插头，擦洗干净后晾干。

家庭小贴士

　　电风扇在重新使用前应放在阳光下晒 2~3 小时，去除潮气，并在加油孔中滴适量润滑油。

二、电风扇的清洁

（1）拔下插头切断电源。

（2）用软布蘸温水或中性洗涤剂擦洗电风扇表面，然后再用清水擦净。

（3）打开网罩，把叶片上的灰尘和污垢擦干净。

（4）不使用时，要清洁干净后罩上布罩防尘，放在干燥的地方。

三、电饭锅的清洁

（1）拔下插头切断电源。

（2）用软布蘸温水或中性洗涤剂擦洗电饭锅外壳、电热板等部件，然后再用清水擦净。

（3）拿出电饭锅内锅，直接用水冲洗。用干软布擦干后再放入电饭锅内。

四、微波炉的清洁

（1）拔下插头切断电源。

（2）用软布蘸温水或中性洗涤剂擦洗微波炉表面，然后再用清水擦净。

（3）用干软布擦净炉膛内壁及旋转盘。

五、电熨斗的清洁

（1）拔下插头切断电源。

（2）用软布蘸温水或中性洗涤剂擦洗电熨斗表面，然后再用清水擦净。

（3）不使用时，要清洁干净后罩上布罩防尘，放在干燥的地方。

家庭小贴士

熨烫衣物时，电熨斗上的电源线应妥善安放，以防熨到电线。

六、电热水器的清洁

电热水器在使用一定时间后，其内部会形成大量水垢，当水垢增厚到一定程度后，不仅会延长加热所需时间，而且还会发生崩裂，对内胆有一定损害，所以应定期排污。

（1）电热水器没有排污阀的，需告知用户请专业人员来解决。

（2）有的电热水器配有排污阀，可根据说明书自行排污。

服务案例

多多学习　获得认可

应届毕业生小刘被一位姓许的用户选中做管家，每次使用电器之前小刘都找出电器的说明书仔细阅读，有不清楚的地方就向女主人询问。小刘还查阅了许多关于电器保养的书籍，把一些重点整理成资料，每隔一段时间就按照这些方法对家中的电器进行保养。小刘这种"爱如家人"的做法很快就得到了许先生一家的认可，为了感谢小刘，许先生还特意帮她报了附近的一个会计学习班，让她业余时间多学一点技能。

博士点评

如今，家用电器越来越普及，功能越来越完善，家政服务员一定要掌握家电的使用方法及注意事项，充分发挥家电的功效，并且做到节省能源、保证安全。如果遇到自己不太熟悉的家电，一定要向用户请教，也可仔细阅读家电使用说明书，做到"使用心中有方法，故障心中有对策"。

家庭博士答疑

博士，这一章我们学了很多家用电器的清洁方法，但是用户家还有台饮水机，说是也需要清洗。可是饮水机本来就是一个净水装置，桶装的矿泉水又是干净的，为什么也要清洗呢？

你的想法错了，饮水机内有两个水胆，这两个水胆除了起到出冷热水的功能外，还有沉淀水中杂质的作用。人们通常不断重复更换桶装水，却忽视了饮水机的内胆还存有一定量的水，这水中就会隐藏致病的细菌，久而久之，自然变成了细菌的温床。所以，饮水机一定要定期彻底清洗、消毒，才能保证家人的健康。其清洁消毒方法可参考第二章漂白水的使用部分。

练习与提高

1. 如何进行电视机的清洁与保养？

2. 洗衣机如何使用与清洁？

3. 如何进行空调的清洁与维护？

4. 如何进行电脑的清洁？

5. 如何进行吸尘器的清洁与保养？

6. 如何进行其他电器的清洁？

第六章 家庭宠物与植物养护

兰花喜阴，忌阳光直射，适宜空气流通的环境。

● 学习目标

本章应掌握的知识要点：

1. 宠物狗的养护

2. 宠物猫的养护

3. 金鱼的养护

4. 花卉的分类

5. 养花的要点

6. 简单插花

● 基本要领

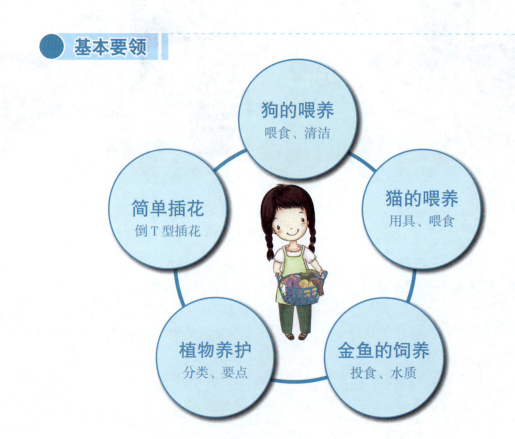

狗的喂养
喂食、清洁

猫的喂养
用具、喂食

金鱼的饲养
投食、水质

植物养护
分类、要点

简单插花
倒T型插花

第一节 宠物狗的养护

宠物狗的食物一般有鱼、肉、蛋、奶、菜、谷及罐头食品等。

一、狗的喂养要点

（1）要定时、定量、固定地点。一般成年犬每天喂两次，早晚各一次，晚上可稍多喂些。1岁以下的犬每天喂3次；3月龄犬每天4次；2月龄以下的犬每天5次。

（2）除夏季外，都应喂给犬温热的食物，最好在40摄氏度左右。

（3）犬的食具要固定，不要乱用。犬的生活极有规律，因而最好能让犬定位进餐。

（4）喂食时注意观察犬的吃食情况。如果出现剩食或不食，要查明原因及时采取措施。

家庭小贴士

不要渴坏狗。俗话说，狗不怕饿，就怕渴。每天最少让狗喝三次水，以免影响狗的健康。

（5）对病犬要特别关照，多喂流食，病犬要多饮水。

二、狗的清洁与养护

（一）给狗洗澡

（1）让宠物犬在你的左侧站立，左手放在犬头部下方到胸前部位，固定好宠物狗的身体。

（2）右手置于浴盆中，用温水按照臀部、背部、腹部、后肢、肩部、前肢的顺序轻轻淋湿，涂上宠物香波，轻轻揉搓后，用梳子很快梳洗，在冲洗前用手指按压宠物犬的肛门两侧，把肛门腺的分泌物挤出来。

（3）用左手或右手从狗的下颚向上将狗的两耳遮住，用清水轻轻地从狗的头顶往下冲洗，不要让水流入狗的耳朵，然后由前往后将其躯体各部用清水冲洗干净，并立即用毛巾包住头部，将水擦干。

（4）长毛犬可用吹风机吹干，在吹风的同时要不断地梳毛，只要犬身未干，就应一直梳到毛干为止。

（二）狗的耳部清洁

清洁狗的耳道时，可用棉花棒沾少许橄榄油，从入口向里一点点擦拭，另一只手抓住狗的耳朵慢慢擦拭直到干净。冬季时，极短毛犬的小狗耳边易有冻疮，需随时涂抹上油，稍加按摩。

（三）擦洗狗的眼睛

大眼和凸眼的狗的眼睛很容易受刺激或受伤，需要特别注意。一般要每天给狗洗一次眼，以清除眼内的灰尘及眼垢。清洁时，可用湿布将宠物狗眼角的眼垢轻轻擦去，或用棉球沾上自来水将眼垢擦去。

家庭小贴士

　　宠物狗皮脂腺的分泌物有一种难闻的气味，还会沾上污秽物，使毛缠结，发出阵阵臭味。因此，必须经常给宠物狗洗澡，保持皮肤的清洁卫生，有利于宠物狗的健康。

（四）修理狗的趾甲和脚窝

狗的趾甲过长不仅会影响运动，还会给家庭成员带来伤害。成年犬每月要修剪一次趾甲，仔犬则要经常修剪。修剪趾甲可用指甲剪，剪后要锉光滑，发现损伤，可用云南白药、碘酒擦拭伤处，防止感染。

小狗的脚窝容易弄脏也容易受伤，应加强护理。清洗时不仅要用温水洗净狗的脚尖，连脚窝到脚趾间也要洗净、擦干，若有伤口要及时消毒。

第二节 宠物猫的养护

宠物猫的饲养主要包括准备养猫用具、猫的喂养和猫的卫生保健。

一、准备养猫用具

猫笼和猫包。猫包最好用防水材料制成的，里面有防水衬，两侧有透气网眼。

梳子和刷子。若是长毛猫，要准备一把刷子和一把梳子梳理毛发。若是短毛猫，一把梳子就足够了。最好是选用防静电的刷子和梳子。

食盆。猫是靠舌头舔食的，所以喂猫吃饭的食具一定要选用浅底的。最好是用二合一型的食盆，一边放猫食，一边放水。猫的食具要保持清洁。

便盆与铲。给猫咪准备一个与其体型相当的塑料便盆。建议使用专用猫铲，用来清理埋在猫砂中的粪便块。

猫窝。可以用纸箱制作，里面垫上几层布或毛巾。也可以购买现成的猫窝。

二、喂养猫应掌握的五个原则

（1）应合理安排猫的饮食，定时给猫吃肉，偶尔给猫吃些新鲜食物，一周1~2次即可。猫的食谱不要轻易更换，以防其肠胃不适。

（2）不要用家禽的骨头喂猫，这些骨头小而易碎，会卡住猫的喉咙。

（3）不要让猫对某种食物上瘾，如鱼类和肝类食品，否则会造成其营养

失衡。

（4）不要用狗食喂猫，因为其中肉类较少。

（5）食物的温度最好与室温相同。不要给猫喂食变质食品。

第三节 金鱼的养护

一、金鱼的饲养

（一）金鱼对水温和水质的要求

金鱼最适宜的水温范围是 15~25 摄氏度，水温低于 4 摄氏度或高于 30 摄氏度，都会使金鱼生病。

水是金鱼赖以生存的环境，每次换水时兑入鱼缸中的新水与缸中老水的温差不得超过 1 摄氏度。特别要注意昼夜温差以及冬季和夏季水温的变化，如果水温变化较大，温差达到 5 摄氏度以上，金鱼的健康会受到影响。自来水处理过程中残留的氯对金鱼有强烈的刺激，所以养金鱼用的自来水必须放置 48 小时以上，在阳光下暴晒后方可使用。夏季每天要清除鱼缸中的残饵、粪便、污物，否则水质会变酸，溶氧量会减少，引起金鱼浮头，这对适宜弱碱性水质的金鱼来说是一大威胁。

（二）饵料的投喂方法

（1）金鱼属于杂食动物，最喜欢吃红虫、水蚤、水蚯蚓、轮虫等活饵饲料。这些饵料从河沟捞回来以后，必须用清水洗净，去掉杂物，并用微红色的高锰酸钾溶液消毒两分钟左右再投喂。夏季捞回来的红虫，用沸水烫后在阳光下晒干，营养价值不会减少，是金鱼最好的备用饵料。

（2）人工合成饵料不能霉烂变质。

（3）饼干、面包、馒头等食物营养单一，易使水变浑浊，不宜做金鱼的常用饵料。

（4）给金鱼喂食最好每天定时定量，每次投饵不宜过多，以 1~2 小时内吃完为宜。

二、金鱼病害的预防

（1）新购进的金鱼必须消毒，方法是用 2% 的淡盐水药浴 15~30 分钟，药浴后的金鱼应单独喂养，观察一周，一切正常后方可投入装有同温度水的鱼缸中。

（2）金鱼在饲养过程中，要定期消毒，一般 1~2 月消毒一次，可用 2% 的淡盐水泡 15~20 分钟。鱼虫网、搪瓷盆等养鱼用具和容器可用开水消毒，鱼缸、瓦盆等可用 3% 的食盐水浸泡 24 小时，以杀死细菌和寄生虫等。

（3）鱼缸中的绿藻要适量。鱼缸中的小球藻、水绵等绿藻有保护鱼体和防止鱼体被缸壁碰伤的作用，还可以通过光合作用增加水中的氧气，有利于金鱼的生活。但绿藻内藏有大量的细菌和污物，容易败坏水质、侵害鱼体，夜间还消耗氧气。特别是夏天，气温高、细菌繁殖快，金鱼在晚上往往会因缺氧而浮头、呼吸困难，长时间的浮头会使金鱼体弱生病，所以鱼缸中的绿藻要适量，过多要及时清除，一般保持缸壁有断断续续的一薄层即可。

第四节 家庭植物养护

一、花卉的分类

花卉的分类方法有很多，比如按照花卉的茎的木质部是否发达，可以将花卉分为草本花卉、木本花卉和肉质花卉。

草本花卉按其生存期的长短又可以分为一年生、二年生和多年生花卉。

木本花卉又分为乔木、灌木、藤本花卉。

肉质花卉分为仙人掌类和景天类。

不同花卉的特性大不相同，其适宜的光照、温度、水分等生长环境也不同，要做好家庭植物养护，就要清楚每种花卉的喜好特征。因此，按照花卉对环境要求的不同对花卉进行分类是很有必要的。

（一）喜阳和耐阴花卉

喜阳性花卉需要充足的阳光照射，比如月季、茉莉、石榴等大多数花卉。如果光照不足，它们的生长发育就会受到影响，开花时间推迟或不开花，开花质量也不高。

耐阴性花卉只需要微弱的散射光即能良好地生长，比如常春藤、绿萝、兰花等。它们只需要土壤疏松、肥料充足就能很好的生长，把它们经常放在阳光下暴晒反而不利于其生长发育。

（二）耐寒和喜温花卉

紫罗兰、月季花、玫瑰花、金盏花、雏菊、羽衣甘蓝等是常见的耐寒性花卉，能耐零摄氏度以下的低温，有些能在室外越冬。

大丽花、美人蕉、茉莉花、秋海棠等花卉是喜温性花卉，一般要在

15~30 摄氏度的温度条件下才能正常生长发育。它们不耐低温，冬季要放在温度适宜的室内。

（三）长日照、短日照和中性花卉

像八仙花、瓜叶菊等花卉，每天需要日照时间在 12 个小时以上，叫做长日照花卉。如果不能满足这一要求，就不会开花。

像菊花、一串红等花卉，每天需要 12 个小时以内的日照，经过一段时间后，就能现蕾开花，被称为短日照花卉。如果日照时间过长，反而不会现蕾开花。

像天竺葵、石竹花、海棠、月季花等花卉，对每天的日照时间长短并不敏感，无论是长日照还是短日照，都会正常现蕾开花，这类花叫做中性花卉。

（四）水生、旱生和润土花卉

水生花卉一定要生活在水中才能正常生长，这样的花卉叫做水生花卉，比如睡莲。像仙人掌类、景天类等花卉，只需要很少的水分就能正常生长发育，叫做旱生花卉。像月季花、栀子花、桂花、大丽花、石竹花等大多数花卉，都要生长在湿度较好、排水良好的土壤里，叫做润土花卉。润土花卉在生长季节里，每天会消耗较多水分，要注意勤浇水，保持土壤湿润。

二、养花要点

（1）养花过程中，应注意保持土壤的水分含量，按照不同花卉的特性，合理安排光照时间、环境温度和土壤湿度。

（2）土壤应疏松、肥沃、排水良好，富含有机质。

（3）浇水时多向叶面、叶背喷水。

三、简单插花艺术

插花是以切花花材为主要素材，通过艺术构思和剪切、整理和摆插，完成艺术造型。在家庭生活中，可用简单的插花来装扮居室，美化环境或者烘托气氛。

（一）花器

花器可以自由选择，因地取材，没有固定模式。可以用玻璃水瓶、花瓶、陶瓷罐、花篮，甚至是家中的碗、罐、矿泉水瓶都可以作为花器。

（二）插花工具

插花工具也可以自主选择，家庭日常器具都可以使用。一般常用的插花工具有剪刀、刀子和锯子、剑山、瓶口插架、花泥、金属丝、贴布、喷水壶、透明胶、钉书器等。

（三）花材的保鲜方法

1. 剪枝法

每隔一两天，用剪刀修剪插花的末端，使花枝断面保持新鲜。

2. 烫枝法

把花枝末端的两三厘米放进开水中浸烫约 2 分钟，然后立即把它浸到冷水中，再插进花瓶。

3. 浸盐水法

先在瓶中加少许食盐搅拌均匀后，再把鲜花插进去。

4. 浸糖水法

插花前先在瓶内水中加少许白糖，搅拌均匀后，再把鲜花插进去。

5. 烧枝法

把花枝末端两三厘米处用火烧一下，变色后及时浸入冷水中，再插进花瓶。

（四）插花的基本步骤

我们以一种常见的倒 T 型插花法来讲解简单的插花步骤。

选择的花材是百合、玫瑰、泰国兰、黄莺、散尾、熊草。选用小型花器，以突出倒"T"字的造型。将鲜花泥或者泡好的干花泥放入花器中。步骤如下：

（1）用修剪好的散尾插入花泥两端，长度与花器的直径相当，用熊草作为垂直的部分插入花泥中，其长度比底部散尾长约一倍。

（2）沿着散尾插入两枝泰国兰，让底部丰满起来。

（3）在中间部分插入焦点百合，花朵倾斜向前，同时也确定了插花的厚度。

（4）基本定型后，用玫瑰沿着T字打出轮廓，在T字的拐角处也插入玫瑰，同时用黄莺点缀在空隙处，至此，倒T型插花就完成了。

据说倒T型插花是从喷水池中得到的灵感，表现了向上喷溅的水和飞沫四下的优美线条，讲究对称。

案例分析

细心观察　呵护宠物

张先生家养了一只蝴蝶犬，小名叫毛毛。平时毛毛乖巧可爱，吃饭、睡眠都很有规律。

有一天毛毛突然频繁饮水、嗷叫，走路歪歪斜斜，张先生看到后非常心疼，就把毛毛抱到怀里，谁知平日乖巧的毛毛，突然对张先生动了怒，露出牙齿示威。

细心的家政服务员小何看到这一幕后，马上去毛毛的便盆查看，发现毛毛的大便非常稀，并且带血，然后又仔细查看了毛毛的饭盆，发现毛毛平时最爱吃的鱼骨头还剩了好多，并且旁边还有一些呕吐物。最后小何仔细检了毛毛平时活动的场所，也发现了呕吐物。这时小何马上意识到毛毛生病了，需要立即送到宠物医院检查。

小何赶紧把毛毛的情况如实汇报给张先生，主人立即带着病恹恹的毛毛去了医院。医生告诉张先生，毛毛患的是一种急性痢疾，若再晚几个小时送来，毛毛就没命了。

博士点评

宠物狗的疾病征兆一般有：

1. 频繁饮水，嗷叫。

2. 行走异常，步态不稳或瘸行。

3. 触摸狗的身体时，狗会因疼痛不适而发怒。

4. 粪便稀软带血。

5. 精神抑郁，食欲比平时减退，躲在阴暗角落，嗜睡。

6. 12 小时内呕吐 2 次以上。

7. 间歇性抽搐痉挛，伴有泡沫性呕吐、倒卧等症状。

8. 嗜食异物或杂物。

9. 频繁摇头或用前后肢不停地抓挠身体固定部位。

10. 流鼻涕或眼泪，鼻端色泽异常。

如果宠物狗出现以上症状，应及时带狗去宠物医院就诊。

家庭博士答疑

博士，用户家养了一只长毛猫，每次给猫梳毛都不太顺利，可以讲讲如何给长毛猫梳毛吗？

当然可以。长毛猫需要每天梳毛两次，每次 15~30 分钟。具体步骤如下：

1. 用稀齿的梳子清除皮屑，梳理缠结的毛。一旦梳子能顺畅地梳通毛，就改用密齿梳子梳理。

2. 用钢丝刷清除掉所有脱落的毛，特别要认真梳理臀部。

3. 往毛里洒些爽身粉或漂白土，这样可使猫毛蓬松。

4. 用密齿梳子向上梳毛，把颈部周围脱落的毛梳掉。

5. 用一把牙刷轻轻地刷理猫脸部的短毛，当心别靠猫的眼睛太近。

6. 最后，用稀齿梳子重复第四步。

练习与提高

1. 如何给宠物狗洗澡？

2. 喂养宠物猫的要点有哪些？

3. 金鱼的养护要注意哪些方面？

4. 根据花卉对环境的不同要求可将花卉分成哪几类？

5. 倒 T 型插花的简单操作步骤有哪些？

参考文献

1. 朱多生著 . 保洁员 . 成都：成都时代出版社，2007

2. 黄芝娴著 . 家政服务员（初级）. 北京：中国劳动社会保障出版社，2005

3. 朱凤莲，王红著 . 家政服务员上岗手册 . 北京：中国时代经济出版社，2011

4. 高居红著 . 家政服务员上岗入门 . 北京：中国农业出版社，2007

5. 安子，何广明，陈义著 . 家政服务五常法教程 . 北京：中国劳动社会保障出版社，2009

6. 卓长立，高玉芝等著 . 家政服务员 . 北京：中国劳动社会保障出版社，2012

7. 邹震，庞大春，李庆堂等著 . 家庭钟点工 . 北京：中国工人出版社，2011

8. 邹震，庞大春，李庆堂等著 . 家庭保洁 . 北京：中国工人出版社，2011

9. 程海勇著 . 家庭保洁服务 . 北京：中央广播电视大学出版社，2011

10. 王君等著 . 家政服务员（初级）. 北京：中国劳动社会保障出版社，2010

11. 李变兰等著 . 家庭保洁 . 北京：中国劳动社会保障出版社，2011

12. 刘国建著 . 家庭保洁基本技能 . 北京：中国工人出版社，2010

后 记

　　根据商务部关于"十二五"时期促进家政服务业发展的指导意见，以及商务部办公厅关于做好 2012 年家政服务体系建设工作的通知精神，受商务部服务贸易和商贸服务业司的委托，中国商务出版社负责《全国家政服务员培训教材》的编写工作。

　　此套教材编委会由全国家政服务管理部门和相关家政培训机构，以及全国家政服务龙头企业的专家、学者组成。编委会依据商务部"家政服务员培训大纲"的要求，制定教材的编写大纲及章节体例，并确定每册的编写单位。全套教材共四册，其编写单位为：北京华夏中青社区服务有限公司、北京富平家政服务中心、济南阳光大姐服务有限责任公司、三替集团有限公司。易盟集团（95081 家庭服务中心）参与教材配套光盘内容的摄制，并提供拍摄场地和人员。此套教材还得到了中国家庭服务业协会、北京家政服务协会、商务部研究院服务产业部，以及宁波 81890 求助服务中心、深圳市安子新家政服务公司的大力支持。谨此，我们衷心感谢对这套教材提出修改意见、提供帮助和支持的所有单位和个人。

　　本套教材在编写过程中，参考并引用了部分文字资料和照片。我们虽已标注出处，但因时间紧促恐仍有遗漏。为此，请相关作者尽快与我们联系，以便做出妥善处理。

《全国家政服务员培训教材》编辑部
2013 年元月